コンソリデーション各過程での紙層断面（T. Yamauchi 1979）
（叩解したクラフトパルプからの紙を凍結乾燥）

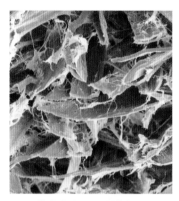

a：排水直後　繊維濃度　8%

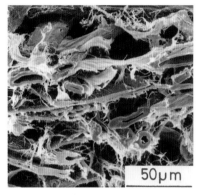

b：クーチ直後　繊維濃度　11%

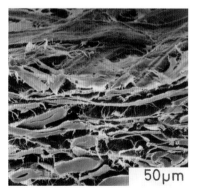

c：プレス直後　繊維濃度　10%

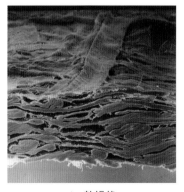

d：乾燥後

プラスチックから紙へ

紙材料学入門

農学博士　紙材料学者
㈱やまうち七兵衛商会代表

山内龍男
YAMAUCHI Tatsuo

文芸社

はじめに

　近年、毎年のように生じ、かつ激化する風水害や気候変動の原因に地球温暖化があり、主に地球上の炭酸ガス濃度の上昇によるとされている。そこで炭酸ガス放出源である石炭・石油の使用をやめねばならず、エネルギー源としての使用に加え、当然石油を原料とするプラスチックの使用も減らさねばならない。また、プラスチックは生分解性がなく（腐らない）、リサイクルも難しいことから、それが安易に廃棄された結果、海洋でのマイクロプラスチックなどの環境問題を起こしており、近年これらの点から脱炭素（プラ）が叫ばれている。

　その対策として、生分解性プラスチックと共に紙材料がにわかに注目を集めるようになった。紙はリサイクルの優等生であり、その原料はカーボンニュートラルな木材なのである。

　一般に紙とは、短い植物単繊維を水中で分散させ、水を網でこして脱水させ、圧搾、次いで乾燥することで出来る自己接着性の繊維集合体の総称だが、紙の用途や要求される物性に対応するべく、繊維に物理的処理を施し、かつ様々な無機填料や化学薬品等を加え、さらに用途によっては、合成繊維や無機繊維を主原料にして抄紙した紙もあり、紙になった後も顔料などを塗工したり、フィルムの貼り合わせなど種々の複合加工が施された紙も多

いのである。筆記媒体としての紙は約2000年前に中国で開発され、近年まで紙、すなわち印刷・情報媒体であったが、本来、紙には他に（液体を）「吸い取る」や「拭き取る」といった多孔性を利用した衛生的用途もあり、今日、物を包むあるいは物流材料としてもよく用いられている。

　紙の原料として用いられる植物繊維は、古くは麻や竹類等、また和紙では楮、三椏等の非木材繊維であったが、約200年前に木材から繊維を取り出すパルプ化に成功して以来、次第に木材繊維が主要になり、最近では、リサイクルされた木材繊維がその最大供給源である。ところがそれだけ重要な材料であるにもかかわらず、紙について書かれた本は意外に少ないのである。書籍売り場でも紙関連書は和紙のそれが大半であり、紙やパルプを学術的に纏めて書かれた本は見られない。唯一の例外は、筆者が約20年前に京都大学学術出版会から単著で出した本、『紙とパルプの科学（学術選書18）』である。廉価とともに類書が他にないことから、理系学術書ゆえに爆発的ではないのだが、版を重ねている。ただ前著はあまり詳しくもないのだが、学術書ゆえに紙パルプ分野をほぼ漏れなく記述して、やや専門的すぎるとの批評があり、その一方で、著者の専門である紙物性について、もっと詳しい記述が欲しいとの要望も聞かれる。

　私事ではあるが、大学を定年退職した後、民間企業の支援でしばらく大学に籍を置いていた。そして今は在野

はじめに

の研究者として活動している。そこで、“脱プラ”で重要な紙材料を一般の多くの方にも理解していただくため、平易に記述した入門書としてこの本を上梓することにした。

目次

はじめに　3

1　紙とは —————————————— 10

1-1　材料中において紙材料が占める位置　10

1-2　紙とパルプの歴史　14

1-3　パルプと紙の種類と分類、および試験法　18

1-4　基幹素材産業としての紙・パルプ産業　23

2　原料としての木材 —————————— 27

2-1　パルプ用材としての木材繊維の優位性　27

2-2　木材の化学成分　32

3　パルプの製造と漂白 ————————— 36

3-1　機械パルプ　36

3-2　化学パルプ　40

3-3　古紙パルプ　43

3-4　漂白　48

4　紙料と抄紙 ————————————— 50

4-1　叩解と紙料の調成　50

4-2　抄紙　55

5　環境対策 —————————————— 59

6　紙の構造 —————————————— 62

6-1　紙の構造量（坪量、厚さ、密度）　62

6-1-1　坪量　63

6-1-2　厚さ　65

6-1-3　密度　68

6-2　空隙構造　70

6-3　表面構造　72

6-4　紙構造測定法　73

6-5　不均一な紙構造　73

6-5-1　不均一繊維集合構造の由来　76

6-5-2　地合　77

6-5-3　繊維の配向　79

6-5-4　厚さ方向と紙面方向　80

6-5-5　両面性　82

7　紙の性質 —————————————— 84

7-1　力学的および強度的性質
　　　（紙の強度：紙面方向の強さ）　84

7-1-2　単繊維強度とゼロスパン引張強度　88

7-1-3　表面強度と剥離強度および内部結合強度　91

7-1-4　圧縮性（厚さ方向）　92

7-2　光学的性質　95

7-2-1　白色度　96

7-2-2　不透明度　97

7-3　多孔的性質　98

7-3-1　透過性（空気透過性：透気性）　98

7-3-2　液体浸透阻止性（サイズ性）　99

8　紙の感性 ——————————— 101

8-1　紙のこし　101

8-2　紙の摩擦　102

9　雰囲気の影響（水分の影響）——————— 104

9-1　寸法安定性　106

9-2　変形（カール）　109

10　紙の劣化と保存 ——————————— 111

11　紙と印刷 ——————————————— 113

11-1　凸版　114

11-2　凹版　115

11-3　平版　116

11-4　その他の印刷方式　117

12　紙の加工 ——————————————— 119

12-1　塗工　119

12-2　タブサイズ加工　122

12-3　積層貼り合わせ加工　123

12-4　押し出し塗工（エクストルージョン塗工）　123

12-5　含浸　124

12-6　段ボール　124

12-7　紙管　126

12-8　モールド　126

主要参考図書　128

あとがき　129

索引　132

付録：紙の加工—プラスチックから紙へ—
Paper Conversion -From plastics to papers- —— 134

1．はじめに　134

2．紙材料をプラスチック代替とするには何が必要か

　　（紙とプラスチックの材料物性比較）　136

　2.1　高伸張化　137

　2.2　透明化　138

　2.3　バリアー性付与　139

3．プラスチック加工紙のリサイクル性　145

4．プラスチックを使わない紙加工　146

5．まとめ　147

6．おまけ　148

　文献　149

1　紙とは

1-1　材料中において紙材料が占める位置

　人類はその進化に伴い、火を扱えるようになるととも
に、各種材料（固体物質である）を駆使して次第に地球
上での生物界に君臨するようになった。まず最初に石で
石器を作り、次に自然界には存在しない青銅、さらに約
4000年前頃から鉄も作るようになり、鉄器時代に至っ
た。近年はアルミも加えて、各種金属類は今も重要な材
料である。ちなみに現在、図書館や書籍売り場で「材料
学」と称される分野は、狭義では「金属材料学」を意味
する。一方で、人類は多分ほぼ同時期、約1万年前に地
球上の各地で土器を開発した。すなわち土を捏ねて、成
形した後に火で焼くことで器を作る技術を習得した。こ
のいわば無機系材料を扱う技術は、国内では陶磁器や瓦、
また海外では約5000年前からガラス、さらに建築土木
用にはローマ人がコンクリート素材を開発し、近年では
セラミック材料の開発に繋がっている。他方、有機系材
料としては、毛皮以外に植物である麻類や、後年である
が綿からも繊維を取り出し、それを紡いでまず糸を、次
いで布を織ることを覚えた。人類は同時に、石器、さら
には金属器を用いて木材を加工することで、生活に必要
な什器や備品、さらには住居も作るようになった。紙

10

材料は、はじめに述べたように非木材植物繊維の利用から始まり、今日、木材を素材とする代表的な有機系材料の一つである。

　これら人類の材料開発に大きな転機を与えたのは産業革命である。従来、材料作製に必要なエネルギーは、人力や水力以外は主として木材（炭）を燃やす再生可能エネルギーであったが、石炭を利用することで大量のエネルギーを得ることが可能になり、蒸気機関として動力や、さらに電気エネルギーとしても利用することで材料産業は大きく発展した。（地球上にある有機物の大半は植物、特に樹木であり、さらに地中に埋蔵されている石炭および石油・天然ガスだが、これらには化学元素として大量の炭素および水素を含み、その燃焼で必要エネルギーの大半を生み出している。現在もこれらの用途としてエネルギー需要が最も大きい）

　19世紀後半からは石油も採掘できるようになり、この流れは大きく進んで今日に至っている。特に近年、石油は液体ゆえに取り扱いが容易で、さらに燃焼後も灰が出ないことから重用されてきた。ただ、木材が植物である樹木の有する炭酸ガス同化作用によりそれを転換・蓄積した炭水化物（セルロースをはじめ、主に炭素と水素が化合した有機物）の集合体であるのに対し、大昔に植物が炭酸ガスを固定して蓄積した炭水化物が地下に埋没して変化したのが石炭や石油であり、燃料としてのそれらの利用は過去に固定して蓄積した炭酸ガスの地球上への放出を伴い、今日の地球温暖化に繋がっている。

石油の開発は燃料としての利用以外に、新たな有機系材料としてプラスチックをもたらした。石炭や木材と異なり、石油は液体であるために、成分の分離において、また化学反応も容易であり、石油から多量のプラスチック製品が生み出されたのである。（物質は、原則、分子オーダーで近接しない限り、すなわち液状あるいは気体化、または溶媒に溶けない限り、化学反応は生じない。その点、固体である石炭や木材での化学反応は、ガス化するかあるいは薬剤の溶液をそれらに混ぜることで生じる固液反応のように限定的である）なにせ、合目的に反応させて望まれる物性を有する材料が作れるのである。その結果、現在の有機化学の進展はほぼ石油化学のそれと言っても過言ではない。たしかにプラスチックはどんな形にも作れるし、機能的にも優れ、かつてガラスや紙が使われていた領域を席捲し、巷に安価なプラスチック製品が溢れることになった。しかし、天然由来でない合成のプラスチックは腐朽しない。すなわち容易に分解しないのはプラスチックの利点だった。ところが大量に使用された結果、この難分解性が海洋でのマイクロプラスチックを含むプラスチック公害とも言うべき環境問題を起こしている。さらに、容易に分解できないためにリサイクルも難しく[*1]、その廃棄処分としてこれを燃やしても、石油由来の物なので多量の炭酸ガスを放出することから、今日、地球レベルでのSDGs（持続可能型）社会の実現を目指す中で、脱プラが急務になったのである。他方、紙は木材を原料にしていることから、カーボン

ニュートラル*²であり、かつリサイクル性が極めて高く、これらの点でも持続可能型社会での優れた材料と言えるだろう。

　＊1リサイクルとは、製品を構成要素に分離して同じように再利用することだが、包装材として多く使われるプラスチック製品はいくつかのポリマーの複合体〔例えばポリエチレン（PE）とポリプロピレン（PP）の複合体、PETボトルは例外〕が多いので、この複合したプラスチックをどのようにして分離するのか、名案がない。さらにその廃棄物では多種多様の製品が混じり、多く種類のポリマーの混合状態である。

　加えて、各ポリマー自体を製造する際の重合触媒や各製品を成型する際にも可塑剤や薬品が添加され、さらに印刷もされているのである。また廃プラスチックですから当然包装の内容である食材等も残存している。これらをすべて分離して再利用することが難しいのはご理解頂けるだろう。

　他方多くのエネルギーが必要だが、ガラスや金属製品はほぼ単体なので、用途次第だがそれなりにリサイクルは可能である。要は廃プラスチックとは多くのポリマーの複合・混合物であり、リサイクルには不向きである。そこで廃棄物でも、金属やガラスは資源として、さらに紙は古紙として業者が事業として回収している一方で、プラスチックは税で運営されている地方自治体が回収することになる。なお紙のリサイクルの優位性は古紙パルプ（3-3参照）で詳しく紹介するのだが、ちなみに現在の新聞紙の多くは古新聞から作られている。

＊2木材や紙は燃やせば炭酸ガスを、あるいは自然界に放置すれば

分解してやはり炭酸ガスを放出する。他方上記したように樹木は炭酸ガスを吸収してそれ自体肥大化して木材繊維になり、紙の利用において炭酸ガスの放出・吸収はバランスが取れている。

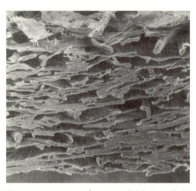

図1-1　針葉樹クラフトパルプから、実験室で作製した紙の電子顕微鏡写真：断面および、写真上部で表面が観察できる

1-2　紙とパルプの歴史

　人類が最初に利用した植物繊維は麻類であり（スイスアルプスで見つかった紀元前約5000年の人のミイラ：アイスマンは麻布を使用していた）、その後、木綿も利用するようになった。これら繊維は長さが数センチあり、紡ぐ、すなわちスピンをかけて継ぎ足すことで糸とし、まず皮材料の縫い合わせに用い、さらにこれを織って平面材料である布にして、主に衣料として用いたのである。そして、その使い古しや屑(くず)は繊維が短くなっているので紡糸できず、捨てていた。ところが、筆者の想像だが、たまたまそれが水

中に流れて、流しにあった簀の子状の物に溜まり、それが乾くと布に類似した平面材料（図1-1参照）の一つとして利用できることに気付いたのが古代中国である。恐らく、土器の蓋の代用など、包む用途で利用していたのであろう。そして、この抄紙法、すなわち植物系短繊維であるボロの水懸濁液から水を抜くことで平面材料にする技術を、製造法も含め大きく改良し、紙を筆記用に利用したのが中国後漢時代の宦官であった蔡倫である。彼によって新たに開発された紙は、薄くて軽く、加えて繊維集合体なので白くて不透明であり、次第に当時の情報媒体であった木簡に取って代わった。以来、ほんの10年前まで、紙の主要な用途は筆記・印刷用の情報媒体であった。ところが、近年の生活は電子化し、情報媒体としての紙の需要は減少して、代わりに物流や包装・容器を主とする分野やティッシュ類などの家庭用紙での紙の需要が高まっている。今後はプラスチック代替材料として、紙を加工することも増えるであろう。

　紙原料の植物繊維として、紙の発明国である中国では長くぼろ（廃棄した衣服を原料とする）に加えて、多量にある竹を蒸煮して得られる繊維を主に利用してきた。他方ヨーロッパでは、当初パピルスに次いで長く使われてきた羊皮紙と共に、12世紀頃になってようやく抄紙法が伝来して、次第に麻や後に木綿を主としたぼろで抄紙された紙を使うようになった。一方、中華文明圏にあったためであろうか、抄紙法が比較的早く伝来した日

本では、楮やガンピ、のちには三椏からの繊維を利用して、和紙として独自の発展を遂げた。木綿を除くこれらいずれの植物も、木材と異なり、繊維は維管束部や樹皮部にのみ存在するのだが、簡単な蒸煮により比較的容易に繊維が取れる植物である。その後、ルネッサンス期を経て印刷技術も進展し、さらに産業革命期になると書物・情報の需要は急増して、多量に供給できる紙用の繊維源を他に探すようになった。

多くの植物は1年で本体は枯れるが、樹木は樹皮の内側にある形成層の働きで肥大成長を通年続け、枯れた部分を木部として内側に蓄積していく。そして図1-2のように木材の断面を見ると、その成長の跡が木部における年輪として認められる。この木材を顕微鏡で観察すると、内部は繊維が樹木の方向に沿って集積していることが分かる（図1-3参照）。この大量にある木材繊維に目を付

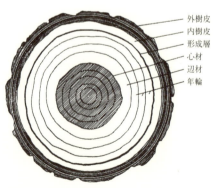

図1-2　樹木断面図（Smook, G.A. 1982）

1 紙とは

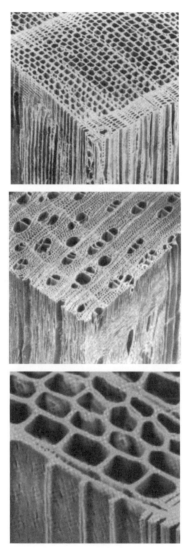

図1-3 代表的な針葉樹および広葉樹における木部断面写真と前者の拡材図：繊維が縦方向に集積している（Smook, G.A. 1982）

けたのである。まず他の植物と比べて、硬くて蒸煮もできない木材から繊維を機械的に、いわばむしり取ったのであり、これが後に説明する機械パルプである（3-1参照）。時はちょうど産業革命期であり、エネルギー、特に動力が容易に用いられるようになっていたからこそ可能になった方法である。次いで、蒸煮を発展させて（「蒸解」と称する）、高圧・高温下で、薬液を用いてチップ状にした木材から繊維を取り出す化学パルプ化法が研究された。すなわち、繊維の間に多く存在するリグニンを、薬液との固液反応により化学的に分解・溶出させて、繊維を分離する種々のパルプ化法が実用化されたが、今日、その一種で、後に述べるクラフトパルプ法がもっぱら用いられる（3-2参照）。

1-3　パルプと紙の種類と分類、および試験法

　製紙およびセルロース化学工業においては、木材およびその他植物から機械的あるいは化学的に分離したセルロースを主とする繊維の集合体をパルプと呼ぶのだが、パルプは工業中間体であり、用途により製紙用パルプ（paper pulp, PP）と溶解パルプ（dissolving pulp, DP）に大別される。前者はその繊維を水中で懸濁させた後抄紙して紙となり*、後者はパルプの主化学成分であるセルロースを化学工業原料として、主にセロハンフィルムやアセテートなどのセルロース誘導体の製造に用いられる。

18

＊水の代わりに空気により紙層を作製する方法もある。

　紙・パルプの種類は非常に多く、その用途も広範囲にわたっている。また、パルプおよび紙は連続操業で作られる工業製品でその生産量は大変多く、特に前者の代表的な銘柄は国際市況商品でもある。そのため商取引等、これらを取り扱う際には一般的な分類と共通の試験法が不可欠であり、共に日本工業規格JISのP部門や紙パルプ技術協会制定の紙パルプ試験方法が規定されている。海外主要国ではそれぞれの国で規格があり、アメリカでは同国の紙パルプ技術協会（Technical Association Pulp and Paper Industry）が定めた標準法（TAPPI standards）が著名である。そこでは木材化学成分の測定法をはじめ木材チップ、パルプ、繊維、紙、添加剤、紙箱等についての試験法など計500以上の規格が制定されている。いずれの国の試験規格間でも大差はないが、各国間で国際規格であるISOとの整合を図る動きがあり、一方でISOの規格改訂では紙パルプ生産大国間で自国に有利な規格とするべく活発な活動がなされている。

　パルプは製造法でバージンパルプとリサイクルパルプに、前者はさらに機械パルプと化学パルプに大別される。また漂白（bleached：Bと略記）あるいは未漂白（unbleached：UあるいはUBと略記）でも、さらには原料である木材が針葉樹（比較的柔らかい材なのでsoftwood：NあるいはSと略記）または広葉樹（比較的硬い材なのでhardwood：LあるいはHと略記）でも分

類され、それぞれに対応して表記される。

　例えば代表的な化学パルプであるクラフトパルプ（KP）で、その原料木が針葉樹でかつ未漂白であればNUKP（SUKP）、また広葉樹で漂白してあればLBKP（HBKP）と表記される。

　紙では比較的薄い紙、および比較的厚い板紙のいずれも種類は大変多いが、情報、包装、衛生、その他用途に大別され、表1-1のようにさらに分別される。なお、紙、板紙間に明確な定義はないが、概略、坪量*$150g/m^2$、厚さ0.15mmがその境界と考えられる。

表1-1　紙・板紙の品種分類

紙・板紙

- **情報**
  - 新聞用 ── 新聞用紙
  - 印刷・情報用
    - 非塗工
      - 上質紙系
        - 上級印刷紙（印刷用紙Ａ、筆記・図画用紙等）
        - 薄葉印刷紙（インディアペーパー、タイプ・コピー用紙等）
        - 特殊印刷用紙（色上質、官製はがき用紙等）
        - 情報用紙（ＰＰＣ用紙、フォーム用紙、複写原紙等）
      - 中・下級紙系
        - 中級印刷紙（印刷用紙Ｂ、Ｃ、グラビア用紙等）、下級印刷紙
    - 塗工
      - アート紙、コート紙、軽量コート紙
      - その他塗工紙（キャストコート、エンボスコート等）
      - 微塗工紙
- **包装**
  - 袋・包み紙用
    - 未ざらし ── 両更クラフト紙（重袋用、軽包装用）、その他
    - さらし ── 純白ロール紙、さらしクラフト紙、その他（薄口模造紙等）
  - 段ボール用
    - ライナー ── 外装用クラフトライナー、外装用ジュートライナー、内装用ライナー
    - 中芯原紙
  - 紙器用
    - 白板紙 ── マニラボール、白ボール
    - その他 ── 黄板紙、チップボール、色板紙
- **衛生** ── トイレットペーパー、ティシュペーパー、タオル用紙、ちり紙
- **その他**
  - 工業用
    - 雑種紙
      - 加工原紙（化粧板用、壁紙、積層板用、食品容器用等）
      - 電気絶縁紙、ライスペーパー、グラシン紙等
    - その他の板紙 ── 建材原紙（防水原紙、石膏ボード原紙）、紙管原紙、ワンプ等
  - 家庭用
    - 雑種紙 ── 書道用紙等

20

1 紙とは

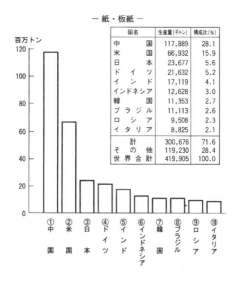

― 紙・板紙 ―

国名	生産量(千トン)	構成比(%)
中　　国	117,889	28.1
米　　国	66,932	15.9
日　　本	23,677	5.6
ド イ ツ	21,632	5.2
イ ン ド	17,119	4.1
インドネシア	12,628	3.0
韓　　国	11,353	2.7
ブラジル	11,113	2.6
ロ シ ア	9,508	2.3
イタリア	8,825	2.1
計	300,676	71.6
そ の 他	119,230	28.4
世 界 合 計	419,905	100.0

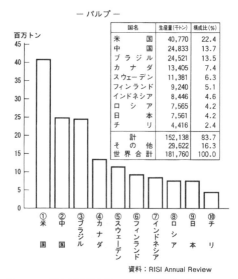

― パルプ ―

国名	生産量(千トン)	構成比(%)
米　　国	40,770	22.4
中　　国	24,833	13.7
ブラジル	24,521	13.5
カ ナ ダ	13,405	7.4
スウェーデン	11,381	6.3
フィンランド	9,240	5.1
インドネシア	8,446	4.6
ロ シ ア	7,565	4.2
日　　本	7,561	4.2
チ　　リ	4,416	2.4
計	152,138	83.7
そ の 他	29,622	16.3
世 界 合 計	181,760	100.0

資料：RISI Annual Review

図1-4　世界各国の紙・パルプ生産量（2022）

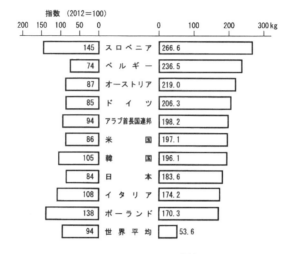

図1-5 国民1人当たりの紙・板紙消費量（2022）、および10年前との比較

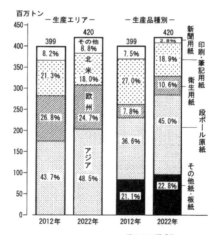

図1-6 世界の紙・板紙生産の地域別、品種別推移

＊坪量：紙のような面状材料の基本量であり、紙では単位面積、通常 m^2 当たりの質量、g数で表示する。なお所定寸法で切った一定枚数の紙の質量である「連量」で表す時もある（6-1-1参照）。

1-4　基幹素材産業としての紙・パルプ産業

　日本の近代製紙産業は、渋沢栄一が始めた王子製紙をはじめ、明治初年に東京の王子他数か所でスタートして以来、主として印刷・筆記用の情報媒体である紙を製造するとともに生活における様々な素材を生産することで発展してきた。この点ほぼ同時期に起こった製鉄業（せいてつ）やガラス業と共通する素材産業であり、また印刷業をはじめ関連する産業は多い。製紙産業をはじめ日本の製造業の多くは、分野を問わず生産量においても技術においても世界のトップクラスであり、2022年の統計によれば紙の生産においては世界3位、パルプでも9位である（図1-4参照）。一方、1人当たりの紙消費量は日本を含む先進国が極めて多く（図1-5参照）、紙消費の南北格差は大きい。しかしいずれの国でも消費量＊は国民総生産GDPにほぼ比例するので、今後は中国をはじめ中・後進国での消費量の伸びは非常に大きくなると考えられる（図1-6参照）。

　＊生産量と共に通常重量で表示される。しかし実際、紙を使用するのは面であり、近年新聞紙をはじめ多くの紙種の軽量化すなわち紙が薄くなっていることを考慮し、実感として、消費量を面積で表せ

ば消費量の伸びは重量表示のそれよりやや増大すると思われる。

　パルプ原料になる木材の大半は輸入されるが、他の製造業と異なり日本で製造されたパルプおよび紙の多くは国内で消費され、それらの輸出・入量は少ない。紙製品は国内外での価格差が小さく、むしろ海外より安いと感じるものも多く、大きな市場のある日本では、その中で多量に紙を消費するが、元来紙は高度に付加価値を付与した製品ではなく、また価格のわりに嵩が大きく、物流コストの影響を受けやすいためと考えられる。ただ、国内人口の減少もあり、現在、各製紙企業は海外比率の向上に熱心である。

　紙パルプ産業は、まず木材から繊維を取り出してパルプとし、次いでこれから成る繊維集合体（紙）を製造する技術、およびその上に顔料などを塗工して機能性層を加える技術を根幹としており、さらなる加工に供する紙製品を製造している。加えて、新聞用紙やティッシュなど一般消費者が直接使用する最終製品を製造することで、基幹素材産業としての独自のジャンルを与えられている（図1-7参照）。また、パルプ化、抄紙、紙加工のいずれの工程もほとんど人手をかけることなく、大型装置で連続的に行われるので装置産業としての性格も帯びる。

　一方で、紙パルプ産業は地球上の炭酸ガスを固定した木材を主原料とする産業であり、旧来の製造業ながらSDGs社会に対応する循環型産業として、「環境の世紀」とも呼ばれる21世紀においてもその工業上の優位

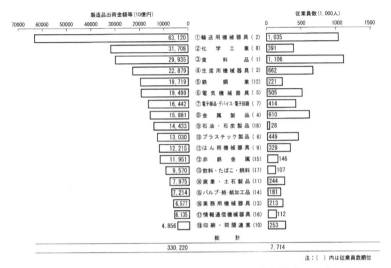

図1-7　国内製造業に占める紙・パルプ産業（2021）

はゆるぎないと考えられている。日本では主に背板・廃材など木材の未利用部分と間伐材、さらにプランテーションによる早生樹材を利用することで、現在木材総需要の45%超が紙パルプ生産に振り向けられており、統計上は建築材とされても、製材廃材はパルプ用に振り向けられるので、木材利用産業として紙パルプ産業はずばぬけて大きい。用途としても本来の紙用途である文化・情報媒体においては、ＯＡ・ＩＴ革命の中で情報媒体としての相対的地位は低下しつつあるが、全情報量の急拡大および最終インターフェイスとしての紙媒体の重要性のゆえに電子媒体との棲み分けを考えれば、情報用途の紙需要の低下はいずれ鈍ると考えている。他方、ティッ

シュ等の家庭紙は堅調であり、さらに物流や包装あるいはプラスチック代替の容器として紙需要が拡大している（図1-8参照）。

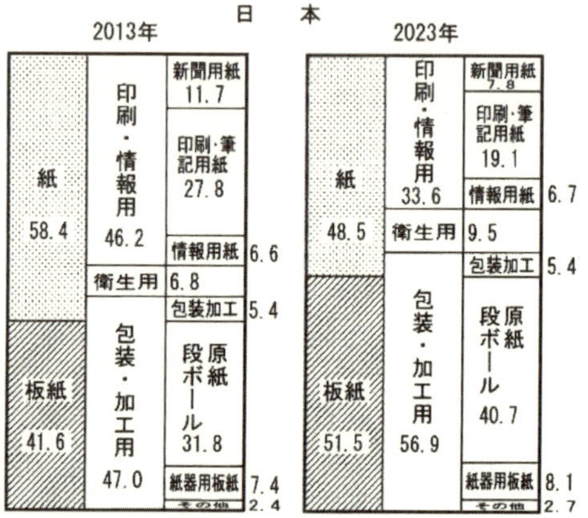

日　本

2013年

印刷・情報用 46.2
新聞用紙 11.7
印刷・筆記用紙 27.8
情報用紙 6.6
衛生用 6.8
包装加工 5.4
包装・加工用 47.0
段ボール原紙 31.8
紙器用板紙 7.4
その他 2.4
紙 58.4
板紙 41.6

2023年

印刷・情報用 33.6
新聞用紙 7.8
印刷・筆記用紙 19.1
情報用紙 6.7
衛生用 9.5
包装加工 5.4
包装・加工用 56.9
段ボール原紙 40.7
紙器用板紙 8.1
その他 2.7
紙 48.5
板紙 51.5

注：数字は構成比、日本需要＝国内出荷＋輸入±流通在庫増減分
　　紙器用板紙はミルクカートン用紙を含む
　　米国需要＝生産＋輸入－輸出

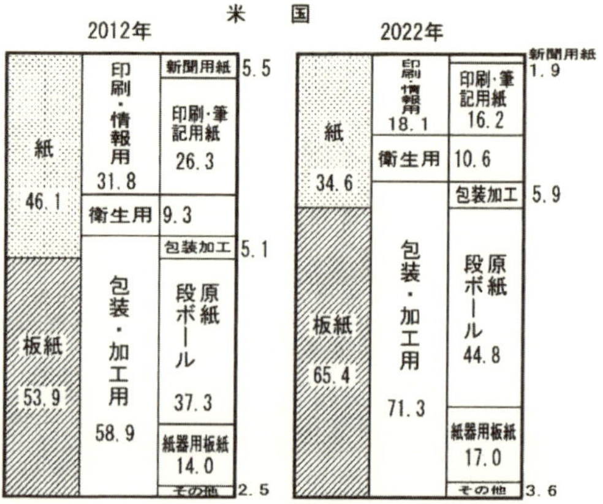

米　国

2012年

印刷・情報用 31.8
新聞用紙 5.5
印刷・筆記用紙 26.3
衛生用 9.3
包装加工 5.1
包装・加工用 58.9
段ボール原紙 37.3
紙器用板紙 14.0
その他 2.5
紙 46.1
板紙 53.9

2022年

印刷・情報用 18.1
新聞用紙 1.9
印刷・筆記用紙 16.2
衛生用 10.6
包装加工 5.9
包装・加工用 71.3
段ボール原紙 44.8
紙器用板紙 17.0
その他 3.6
紙 34.6
板紙 65.4

資料：日本製紙連合会　AF＆PA統計年報

図1-8　紙・板紙における需要構造変化の日米比較

2　原料としての木材

2-1　パルプ用材としての木材繊維の優位性

　地球上にあるバイオマスの大半は、樹木あるいはそれを伐採した木材である。竹やヤシ等の非木材と異なり、多くの植物体の中でも、木材はその繊維構成比率が極めて高く（図1-3参照）、またパルプ用材の大半はチッパーで削片（チップ、厚さ約4mm、長さ5 ～ 25mm、図2-1参照）にすることで、枝を含む全ての木材部位が季節や時期を問わずに利用できるので、工業上も経済上も極めて有利なパルプ繊維源である。ただ歴史的にみれば、長く木材以外の植物（麻、綿、楮、稲、竹等）由来のパルプを製紙用に利用してきたのであるが、現在、紙幣やデッサンで用いる等、特殊な用途を除けば上記を含む種々の理由から、工業的に製造される製紙用パルプはほぼ全て木材パルプであり、また、それをリサイクルした古紙パルプも全て木材パルプと考えて間違いない。

　樹木は針葉樹と広葉樹に大別できるが、それぞれの樹皮を除いた木部における細胞構成重量比率を、それぞれの代表的樹種であるトウヒとカバを例として表2-1に示す。前者では、学術的には「仮道管」と称する繊維と柔組織細胞から、また後者では図1-3でも示したように、

図2-1 木材チップ

表2-1 代表的な北米産針葉樹(トウヒ)と広葉樹(カバ)の木部における細胞構成比(Smook, G.A. 1982)

	繊維(%) 重量比	容積比	導管要素(%) 重量比	容積比	柔組織細胞(%) 重量比	容積比
トウヒ	99	95	—	—	1	5
カバ	86	65	9	25	5	10

表2-2 北米産パルプ用材の繊維寸法(Smook, G.A. 1982)

樹種	繊維長 mm	繊維径 μm	繊維壁の厚さ 早材	晩材	繊維長/厚さ比	粗度 mg/100m
カバ	1.8	20-36	3-4		500	5-8
レッドガム	1.7	20-40	5-7		300	8-10
クロトウヒ	3.5	25-30	3-4(70%)	6-7(30%)	700	14-19
エンピツビャクシン	3.5	30-40	2-3		1400	15-17
サザンパイン	4.6	35-45	2-5(50%)	8-11(50%)	700	20-30
ベイマツ	3.9	35-45	2-4(60%)	7-9(40%)	700	25-32
セコイア	6.1	50-65	3-4		1700	25-35

2 原料としての木材

木繊維と道管要素および柔組織細胞から成り、木材では木部全体がほぼ全て繊維であり、特に針葉樹ではその質量比率が約99%である。

　容易にパルプ化できることから、かつてよく製紙用に利用されてきた非木材植物である稲や竹や麻における繊維は、維管束部分にある一部の特殊形状の細胞であり、また楮などではその樹皮の一部である靭皮中に存在するだけなので、パルプ化後の繊維収率では木材が圧倒的に優れる。加えて、非木材植物は年間を通じて随時に収穫できるわけでなく、さらに嵩張るので、ハンドリングも貯蔵も容易でない。なにせ製造業では原料品質および供給量が安定して、かつ生産調整が随時可能であることが望まれるのだが、その点チップ化された木材は、これらの点全てで非木材を凌駕する。また繊維の寸法・形状においても、木材の繊維壁は大変薄く、内腔と称する繊維内部の大きな空間は大きく（図1-3参照）、さらに表2-2で示すように、その長さは分布はあるものの針葉樹で平均繊維長が数mm、広葉樹で約1.5mmなので、地合*の良い均一な紙が製造できる。他方、多くの非木材系繊維の繊維壁は比較的厚く、またその平均繊維長は数mmから1cmであり、抄紙しても、その紙はむらの多い、いわゆる地合*の悪い紙になる。しかし和紙では、このむらの程度や模様がアートとしての価値を生み出している。

　*地合（6-5-2参照）：紙を透かした時にみえる模様で、坪量のミク

ロな変動でもある。一般に変動が小さく、均一な紙ほど地合が良いと言える。

　木材利用の立場から考えると、木材を塊として用いる建築用や家具・什器用でなく、製紙用では繊維源として木材を利用するので、余った木材のどの部分でも利用できるわけであり、枝部でも端材でも何でもよく、今も国内および北米西海岸の製材廃材はチップ（図2-1参照）としてパルプ工場に運ばれる。伐採後に樹皮を除いた木部*を全て使い切る廃物利用の側面もあるのだが、結果として木材の最大用途は紙パルプ用になっている。

　*樹皮は剥離して、伐採地の肥料とするか、最近では燃料にすることでバイオエネルギーとしての利用が多い。

　現在、日本では国産材以外に北・南半球の広範囲の国から木材をチップとして輸入しているが（図2-2参照）、その多くは熱帯・亜熱帯域で育てたユーカリやアカシアなどの広葉樹系早成樹（プランテーション）材である。これら地域は年中高温で植物の成長が早く、これらの木も大きく成長して樹齢約10年の若木で伐採される。

　樹木をはじめ植物は、酸素を吸って炭酸ガスを放出する呼吸作用と同時に、炭酸ガスを吸収して有機物（炭水化物）を生成する炭酸ガス同化作用があり、若い木は多量の炭酸ガスを吸収して成長し、肥大化するが、プランテーション材はこの作用が著しく、早く大きく成長する。この間、樹齢約25年に至るまで繊維長は次第に増大する（サニオの法則）のだが、若木の繊維長は概して短く、

2 原料としての木材

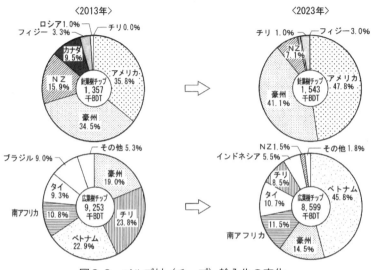

図2-2 パルプ材（チップ）輸入先の変化
資料：日本製紙連合会

樹齢10年で伐採する広葉樹での繊維長は約1mmである。いずれにせよ、広大な敷地で、選抜して成長の早い苗木を集中的に育て、かつ収穫しているので、多量の炭酸ガスを吸収・固定することから、炭酸ガス排出権が売れ、同時に木材チップとして日本に運んでパルプ化している。現在、日本のパルプ用材の過半はこのプランテーション材であり、その点では地球温暖化対策として大いに貢献している。なお、成長の早いユーカリやアカシアは広葉樹であり、国産パルプ（古紙パルプを除く）に占める広葉樹材の比率は現在約60％に達する。

　木材パルプ繊維の繊維壁は薄く、かつ繊維の中に大き

な空洞（図1-3参照）があるために、図1-1で見られるように紙中では扁平化してリボン状になる繊維も多く、そのために繊維同士の結合がよく発達する。短い繊維の層状集積物である紙の強度は、接着剤の使用で生じるのではなく、この繊維同士の結合、物理化学的には構成化学成分で、繊維やその構成要素であるフィブリル表面にあるセルロースやヘミセルロースの水酸基間での水素結合による（図4-5参照）。この繊維間の水素結合に水が浸入すると結合はすぐに消滅して、紙は瞬時にバラバラになるが、トイレットペーパーおよび紙の容易なリサイクル性はこの紙の特性を利用している。実際、合成繊維を抄紙しても、接着剤がなければ紙層はごく僅かな力で壊れてしまうし、木材パルプ繊維と同じセルロース系繊維であるレーヨン短繊維で抄紙しても、強度の低い紙にしかならないことからも、繊維間結合を生じさせやすい形状を有する、製紙原料としての木材パルプ繊維の優れた特徴が分かる。

2-2　木材の化学成分

　木材から繊維を分離するパルプ化、特に薬品で蒸煮する化学パルプでは、木材の化学成分とその存在位置が重要である。針葉樹および広葉樹の成分分析をすると、図2-3のようになり、木材の主要3成分はセルロース（グルコースをモノマーとしてβ-1-4結合で重合した直鎖高分子（図2-5参

2　原料としての木材

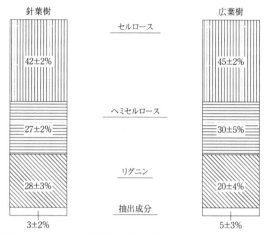

図2-3　木材の化学成分構成比率（Smook, G.A. 1982）

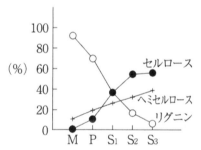

図2-4　主要化学成分の繊維壁層内分布（繊維間層であるM、次いで繊維壁外装Pから繊維壁内側に向けた分布）

照)。なお α-1-4結合したのがデンプン)、ヘミセルロース（樹種により異なるが、基本的にはグルコースやキシロースなどをモノマーとする多糖類高分子)、リグニン（樹種により異なるが、基本的にはフェニールプロパンなどを構成単位とする3次元高分子）である。

33

これらの繊維壁層内での分布の概略を図2-4で示すが、前二者は繊維壁内に、後者は繊維間に多く存在し、そこでのリグニンを溶解あるいは分解して繊維を木材から分離する、すなわちパルプ化することが化学パルプ法における重要なポイントになる。実際、木材からこれら主要化学3成分を完全に単離することは難しいので、木材セルロースの高度な化学利用はあまり期待できない。また余談だが、多糖であるヘミセルロースではそれを構成する構成糖が樹種により異なるので、化学原料としてはより一層難しい。さらにリグニンはフェニールプロパン構造を基本骨格とするのだが、その詳細な化学構造は未だ明らかでなく、また樹種により異なるので、これも化学工業原料として実用化されることはあまり期待できない。他方セルロースは、グルコース残基を繰り返し単位とする天然の線状高分子であり、植物中および地球上で最も多く存在する有機物である。そのため、建築用や家具・什器用および製紙用以外の、木材の化学的利用として長年検討されてきた。実用化されたのは、木材からパルプとして取り出したセルロースを溶解した後、紡糸あるいは成膜した、レーヨン繊維・アセテート繊維やセロハンである。これらの製造には後述する化学パルプでも、特にセルロース純度の高い溶解パルプを原料として用いるのであるが、その純度はかつて約88%であり、最近では92%程度である。セロハン用としては現在問題ないのだが、この繊維原料としてのセルロース純度の低さが、

34

2 原料としての木材

レーヨン繊維の品質に影響し*、他にも原因があるのだが、既に国内では生産中止に追い込まれている。

*ベンベルグ繊維はセルロース純度が約99%のコットンリンターを原料とすることで、その高品質を維持しており、現在も工業的に製造されている。

化学成分的には、木材パルプ繊維を含む植物繊維は全てセルロース、ヘミセルロースが主体であるが、これらには水酸基(-OH)が多く(図2-5参照)、結果としてパルプ繊維やその表面から派生したフィブリル表面に水酸基が多量に存在することになり、紙における繊維同士の結合の正体である水素結合に重要な役割を与える(図4-5参照)。

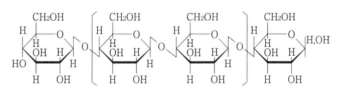

図2-5 セルロースの化学構造

3　パルプの製造と漂白

　植物（樹木）から機械的あるいは化学的に分離した繊維（縦横比の極めて大きい細胞）の集合体をパルプ（Pulp）と呼ぶのだが、木材パルプはその製造法の違いにより、機械パルプ（Mechanical Pulp）と化学パルプ（Chemical Pulp）に大別でき、前者は国内で製造されるパルプの約10%で、残りの大半が下記の化学パルプ（実質クラフトパルプ：KP）である。またその約95%は製紙用で、残り5%が溶解して後、セロハン等の化学的に用いる溶解パルプである。なお、パルプはその製造工程（図3-1参照）の最後で、洗浄や異物除去した後、脱水して、化学パルプの多くでは圧縮・乾燥したシート状（図3-2左参照）にして、製紙工場に運ばれる。

3-1　機械パルプ（図3-1参照）

　比較的柔らかい針葉樹系の木材（丸太）やその木材チップ（図2-1参照）から機械的に繊維を取り出したパルプの総称で、最近では木材チップを加熱蒸気で軟化しながらリファイナー内の凹凸のある高速回転円盤（図3-3参照）の間で、いわば磨り潰す、あるいは剥ぎ取って繊維を得るサーモメカニカルパルプ（TMP）として主に作られる。図3-4に見られるように、木材から機械

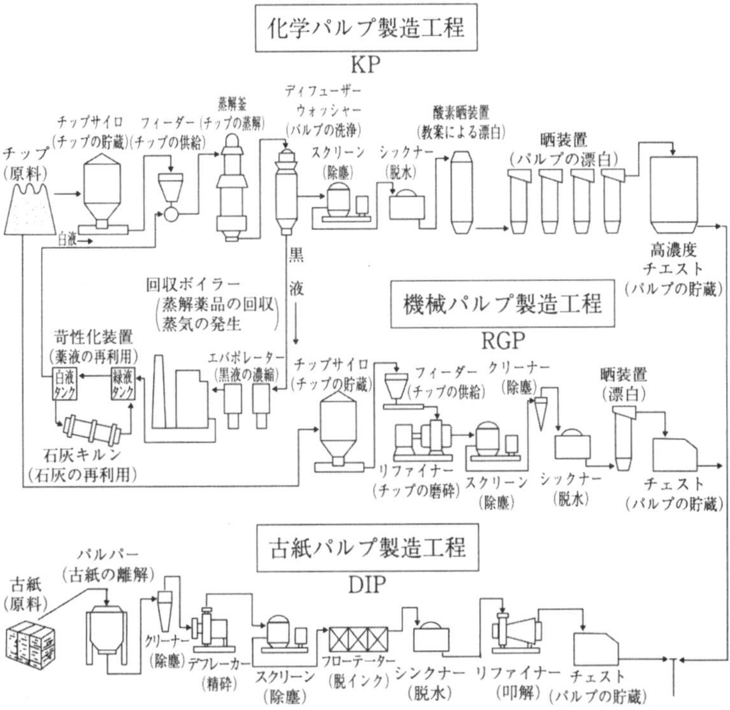

3 パルプの製造と漂白

化学パルプ製造工程
KP

チップ(原料) → チップサイロ(チップの貯蔵) → フィーダー(チップの供給) → 蒸解釜(チップの蒸解) → ディフューザーウォッシャー(パルプの洗浄) → スクリーン(除塵) → シックナー(脱水) → 酸素晒装置(酸素による漂白) → 晒装置(パルプの漂白) → 高濃度チェスト(パルプの貯蔵)

白液、黒液

回収ボイラー(蒸解薬品の回収・蒸気の発生)
苛性化装置(薬液の再利用)
白液タンク、緑液タンク
エバポレーター(黒液の濃縮)
石灰キルン(石灰の再利用)

機械パルプ製造工程
RGP

チップサイロ(チップの貯蔵) → フィーダー(チップの供給) → リファイナー(チップの磨砕) → クリーナー(除塵) → スクリーン(除塵) → シックナー(脱水) → 晒装置(漂白) → チェスト(パルプの貯蔵)

古紙パルプ製造工程
DIP

古紙(原料) → パルパー(古紙の離解) → クリーナー(除塵) → デフレーカー(精砕) → スクリーン(除塵) → フローテーター(脱インク) → シンクナー(脱水) → リファイナー(叩解) → チェスト(パルプの貯蔵)

図3-1 パルプ製造全工程概要図

図3-2 市販パルプ、左:LBKPシート断片、右:TMP

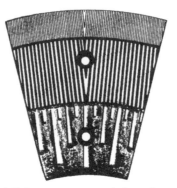

図3-3 代表的なリファイナー円盤部分（Sprout Bauer）

的に繊維を取り出すゆえに、繊維表面から髭(ひげ)状の多くの（外部）フィブリルが派生し、また繊維の損傷で生じた微細繊維や短い繊維の比率が増大する。ただ、木材からそのまま繊維を取り出すので、繊維収率は90数％であり、木材由来の化学3成分であるセルロース、ヘミセルロース、およびリグニンが、化学的変性を受けることなく、ほぼ木材中の存在状態のまま存在することもあり、外観上、主要化学成分の一つであるリグニンに由来する褐色を呈する。

　最近ではパルプ化に必要な動力エネルギーを軽減し、かつパルプを少しでも白くする目的で本パルプ化工程の前半で薬品処理することも多い。日本では新聞紙用に大量に製造された時期があったが、今は古紙パルプ主体の新聞紙が大半である。

3 パルプの製造と漂白

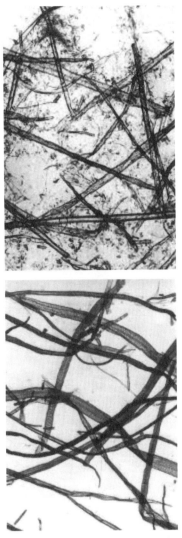

図3-4 針葉樹材から製造されたサーモメカニカルパルプ、およびクラフトパルプ懸濁液の光学顕微鏡写真

3-2　化学パルプ（図3-1参照）

　図1-3でみられるように、木材中では、繊維は樹体に
ほぼ平行に並び、かつリグニンを主とする細胞間層で固
定されているので、そのリグニンを高温下、化学薬品で
分解・溶解することで、繊維形状をほぼそのまま保って
取り出すパルプを化学パルプと総称する。

　薬品を水に溶かして液状にし、固体である木材とのい
わば固液反応を促進するため、薬液が木材中に浸透しや
すいチップ状（図2-1参照）にして反応させる。なお、
薬液の浸透だけを考えればチップ状より木粉状が良いの
だが、そうすると多くの繊維が切断され、繊維長が短す
ぎて、紙の強度の低下や繊維収率の低下などのマイナス
面が生じるので、製紙パルプ製造には不向きである。

　過去にはいろんな化学パルプ製造法があったが、現在
使用されているのはほぼ全てクラフト法である。本方法
は、他の化学パルプ製造法と異なり、あらゆる樹種に適
応可能なパルプ化法であり、日本ではこのクラフトパル
プ（KP）の約7割がプランテーション材を中心とする
広葉樹材から製造されている。使用する薬品は安価な苛
性ソーダ（NaOH）と硫化ソーダ（Na_2S）であり、木材
チップにその水溶液を加えて、温度約170℃で数時間反
応させる。いわば圧力釜に木材チップと薬液を入れて、
煮るようなものであり、かつては「地球釜」と呼ばれる
球状の釜を使用するバッチ式であった。しかし、反応終

了のたびに釜を開けるバッチ式では、必要な熱エネルギーでも生産効率の面でも効率が悪い。それで、円筒型の反応釜の上部から木材チップと薬液を入れて、それらが数時間かけてゆっくり下降する間に反応が進むことを考えたのが約75年前である。現在ではこの連続蒸解釜を使用することで、24時間連続操業として大量に生産されている（図3-1参照）。釜から出た木材チップは洗浄され、この間に反応によりボロボロになったチップから繊維が遊離する。また、釜から同時に排出される反応後の薬液と、反応後のチップを洗浄した廃液は、合わせて廃液として回収される。

　クラフトパルプ繊維を化学的組成でみれば、セルロースが主体であり（製紙パルプ中での含量は80％後半）、さらに相当量のヘミセルロースと、僅かだが除去されずに残ったリグニンも含まれる。繊維収率は約45％と高くないが、他方、回収した黒色の薬品廃液（「黒液」と呼称）は濃度約70％まで濃縮した後、燃やして還元、さらに苛性化工程を経て再び薬液として循環使用される（図3-1参照）。この燃焼の際に必要な燃料は廃液中に含まれる有機物（主にリグニン）であり、現在、日本のバイオマス由来で生産されているバイオエネルギーの多くはこの廃液燃焼で得られている。すなわち、濃縮した廃液の燃焼により生じる蒸気で発電し、排熱は乾燥など工場内で必要なエネルギーになっており、結果としてエネルギー効率の高いコージェネ発電が実施されている。得

られた電気は、電気料金の高い昼間では売電しており、ブラジルなど工場隣地で、早生樹であるユーカリを植えてそれを原木チップにするところでは、樹脂分の多い樹皮も補助燃料にするので、エネルギーは全て自前、薬品も再使用するので、いわば環境に優しいゼロエミッションのパルプ製造とみなされる。すなわち、木材からのパルプ製造に必要なエネルギーをその原料の約半分の燃焼から得ており、残りがパルプ繊維製品になり、素材製造として必要な化石エネルギーの少ないことは今日特記するべきであろう（図3-5参照）。さらにクラフトパルプから作られた紙の諸強度は、機械パルプや古紙パルプからの紙のそれに比べて優れ、特に針葉樹からのそれは一層優れている。

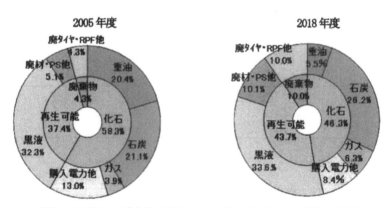

図3-5　紙パルプ産業の使用エネルギー構成比率の変化（2018年度）：近年再生可能および廃棄物エネルギーが半分以上を占め、特に黒液燃焼によるバイオエネルギーは大きい（紙パ技協誌、74（4）2020）

3 パルプの製造と漂白

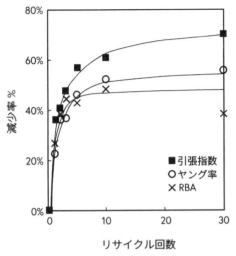

図3-6 リサイクルに伴う紙強度低下の例

なお、既に述べたように、包装用フィルムとしても古くから知られ、また生分解プラスチックとして再び注目されているセロハンは、今日その多くは、木材チップに蒸気を加え、その中のヘミセルロースをあらかじめ加水分解して除去した後にクラフト法でパルプ化する前加水分解クラフト法により、セルロース純度を高めた（セルロース含量約92%）溶解用パルプ（DP）を用いて製造されている。

3-3 古紙パルプ（図3-1参照）

今日、資源の有効利用としてリサイクルは大変重要で

ある。実は"すき返し"として、平安時代以前から和紙の抄造においても紙はリサイクルされてきた。トイレットペーパーでよく分かるように、紙は水と混ぜて攪拌すると簡単に分散する。すなわち、紙系材料は水で攪拌することで、パルプ繊維は1本ずつ分離し、また紙自体も分解するので、紙表面に張り付けられていたフィルムや接着剤、インク、さらには紙中にあった無機顔料等も容易に分離する。これらパルプ繊維以外の異物は、ホッチキス針のような金属類と共に攪拌水中で浮遊した状態なので、比較的容易に分別除去できる。その後、古紙パルプを抄紙し、乾燥することで再び紙になるのだが、このサイクルは何度でも可能である。

　水で簡単に分解でき、そのために、その後の異物除去も容易であることが、他材料にはない、紙リサイクルの要点の一つであり、現在、日本の製紙用繊維原料の約6割はリサイクルした古紙パルプである。ただし、抄紙中あるいはその後に加えられた薬剤や無機填料および印刷インキの一部は、どうしても紙中に残留し、さらに除去しにくい異物は、リサイクルするたびに増え、かつ得られた紙の強度は大きく低下する（図3-6参照）のだが、このいわば低質化したパルプを大量に利用するのが板紙や段ボール原紙である。要するに、リサイクル後の低質化した材料に膨大な用途があることも、紙リサイクルの優れた特徴である。通常、再生処理工程が必要最小限で済むため、新聞古紙は新聞紙用に、段ボール古紙は段

ボール用にと同じ品種で分類してリサイクルするのが原則であるが、段ボール中芯紙にしばしば漫画雑誌由来と分かる古紙が混じっているように、情報用からの下級古紙が包装用の紙に利用されることもある。なお、古紙パルプ製造に要するエネルギーはバージンパルプ（クラフトパルプ）製造のそれより多いこともあり、最近では多数回リサイクルして著しく低質化した後は廃プラと混ぜた後にスティック状に成形して、バイオボイラーの燃料（RPF：Refuse derived paper and plastics densified Fuel）にすることが多い。

　各家庭や事業所から集められ、禁忌品（感熱紙、樹脂加工紙など再生処理の困難な紙等、リサイクル工程あるいは品質に著しい悪影響のある物）を除いた後に分別された古紙は、図3-1で示すように、まず異物除去した後、バージンパルプと同様にして抄紙に供される。異物除去法としては、紙を水中で撹拌する解繊工程で繊維懸濁液を撹拌しながら、その中に垂れ下がった紐のようなラガーでフィルム類をかきとるパルパー（図3-7参照）、遠心力の差を利用するセントリクリーナー（図3-8参照）等が多用される。

　情報用に古紙を使用する場合は、白色度を一定以上に保つために、抄紙前において、含有する印刷インキの除去工程がさらに必要となる（図3-1参照）。脱インキは、基本的には洗濯と同じ原理で行われ、水洗（洗浄）法あるいはフローテーション法により、解繊工程で分離した

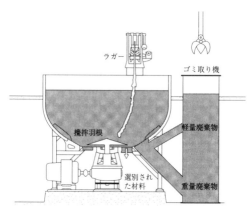

図3-7 パルパーとラガー（断面図）：洗濯機に類似の回転浴槽であるパルパー中に、繊維懸濁液中のプラスチックフィルムを掻き集め、引き上げるためにラガーが下ろされている

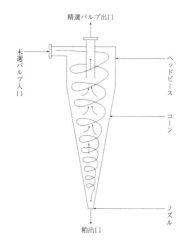

図3-8 セントリクリーナー概要図：希薄な繊維懸濁液を加圧して逆円錐上部の横から切線方向に押し込むと、内部で渦を巻き、頂部に集まった比重の軽い繊維はパイプで吸い取られ、重い異物は底に沈降して除去される

3 パルプの製造と漂白

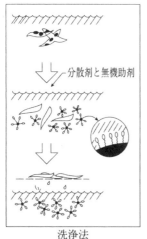
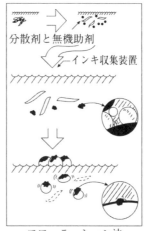

洗浄法　　　　　フローテーション法

図3-9　洗浄法とフローテーション法による脱インキの模式図
(Horacek, R. G. & Jarrehult, B., 1989)

インキ微粒子と繊維を分別する（図3-9参照）。前者では微細化して遊離したインキ粒子を大量の水で洗い流す。後者では解繊工程に大量の微細な空気泡を吹き込み、それに遊離した微細インキ粒子を付着させて水面に浮いた後に泡ごと掻き取る。一方、包装・物流用途では、段ボール内の波型の中芯紙のように古紙中にインキが存在しても全く支障のない場合が多く、通常この脱インキをせずに抄紙する。実際、包装用で多用する板紙のような厚い紙では薄い紙を何枚も抄き合わせ（湿紙を重ね合わせ）て作製するが、中側の紙層ならインキがあっても全く問題にならないのである。逆に言えば、様々な古紙を受け入れてそのまま利用できるのが板紙の特徴の一つで

47

あるとも言えるし、まさにリサイクルの鑑とも言えるのである。

　日本で製造されるバージンパルプの約85%はクラフトパルプであり、古紙パルプも大半がクラフトパルプ由来であるから当然日本では古紙中の広葉樹系クラフトパルプ由来の比率は高い。一般に繊維が長いほど地合（6-5-2参照）は悪くなるが強度面では有利なので、強度を必要とされる時は繊維がより長い針葉樹系古紙比率の高い北米からの輸入古紙を混ぜることがよく行われる。

　なお、ミルクカートンなど食品容器関連の紙では、古紙中の蛍光剤の存在が食品衛生法に抵触するので、古紙は使えず、その危険のないバージンの漂白針葉樹クラフトパルプパルプが使用される。

3-4　漂白

　製造直後のバージンパルプ、特にクラフトパルプは、原料である木材と同様、大なり小なり褐色を呈する。この色はパルプ製造後もパルプ中に残存するリグニンあるいは変質したそれに由来する。

　木材中のリグニンの大半を化学的に除去したクラフトパルプでは、残存リグニンの除去により、他方、リグニンがそのまま残存する機械パルプでは、そのパルプ収率の高さを生かすべく、このリグニン系着色物の脱色により、漂白する。前者において、以前は塩素を主体とする

3　パルプの製造と漂白

漂白がよく行われたが、人体に有害とされるダイオキシンの生じる可能性が指摘されて以降、現在の日本ではアルカリ共存下での酸素あるいはオゾン漂白を最初に行い、次いでダイオキシン発生の可能性が極めて小さい二酸化塩素による漂白を行うのが主流である。他方、機械パルプの漂白では過酸化水素がよく用いられる。古紙パルプでも情報・印刷用であれば漂白するが、包装用途に用いられる場合の多くは漂白することなく、次の紙料調製および抄紙工程に回される。

4 紙料と抄紙

4-1 叩解と紙料の調成

　最終紙製品に要求される性質と製造コストを考慮してパルプを選び、あるいはブレンドして後、パルパー（図3-7参照）と称する超大型洗濯機のような装置内で撹拌することで、パルプ繊維の水懸濁液が作製される。次に説明するクラフトパルプや古紙パルプからの抄紙では、以下に述べるビーター（リファイナーとも称する）による叩解処理を行い、これに填料や薬剤を加えた繊維懸濁液を「紙料」と呼称する。

　この紙料調成は抄紙直前の、紙の基本的特性を決める重要な工程の一つである。そこでは、抄紙前の紙の（内部）加工として、例えば、紙の強度を向上させる乾燥紙力増強剤や、紙は水に弱いのが欠点になるので湿潤時の強度低下をある程度抑制する湿潤紙力増強剤を繊維懸濁液に添加したり、水の浸透を防ぐサイズ性や、また鉛筆筆記性など、紙に多くの機能を与えるべく、ロジンやAKD（アルカリケテンダイマー）等のサイズ剤で代表される添加薬剤、またクレーや炭酸カルシウムで代表される無機填料を加えることも多い。紙料に含まれていたこれら添加薬剤や填料は、抄紙に際して全て紙中に保持されることはなく、その一部は微細繊維と共に網から抜

けるが、それらの保持率は「歩留まり」と称し、それを向上させる薬剤を添加することもある。さらにポリエチレンやポリプロピレン由来の合成パルプを混ぜて抄紙、加熱することで、繊維同士を結合することも可能である。ただ、紙のリサイクル性は失われるのだが、耐水性の非

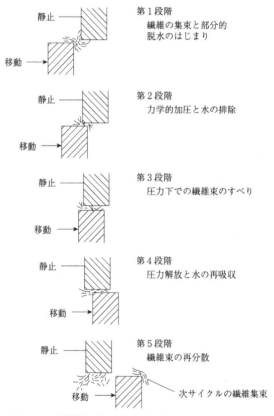

図4-1　叩解機の作用原理図（Smook, G.A. 1982）

常に優れた紙を作ることになる。

　叩解は製紙において非常に重要な工程で、かつては"紙は叩解機であるビーターで作られる"と称され、この叩解によって紙の物性を制御していた。文字どおり木の棒で水と共存下にある湿潤パルプ繊維を叩くことに始まり、臼や動力としての水車の利用などを経て、現在では機械パルプ製造における装置として利用される、歯型を有するコニカルリファイナー、ディスクリファイナーと類似の装置が使用される（図3-3参照）。すなわち図4-1に示すように、高速で回転する歯型に挟まれた湿潤繊維においては圧縮とその解放、湿潤繊維からの水の排除と再吸収が高速かつ連続で生じることになる。

　叩解により、繊維には外部フィブリル化と内部フィブリル化が同時に生じる。前者には繊維薄片や微細物の生成、繊維外部へのフィブリの突出（繊維から多くの髭が生えたようになる。口絵図参照）の他、繊維の短小化などが含まれる。後者には繊維内部での空隙生成とそこへの水の浸入を伴う膨潤や、繊維壁のラメラ化（一部が層状に剥離する）などが含まれる。一方で、叩解により水中でのパルプ繊維は柔軟になり、またその表面および多数発生したフィブリル表面にあるヘミセルロースは、半ば溶解（ゲル）状態になると考えられている。

　叩解が進むと、抄紙および乾燥後の紙の性質は大きく変化する。すなわち湿潤時の繊維がより一層柔軟になり、繊維相互の接触、乾燥後の繊維間結合面積が増大するの

で、完成した紙の密度は増大し、かつ概して諸強度は大きくなる。他方、空気透過性や情報媒体として重要な不透明性は減少する。また、叩解が進むと抄紙時の脱水速度が大きく低下するのだが、工業的には生産性向上のために抄紙速度を速くしたいので、現在では叩解は軽めにし、不足する強度要求に対しては紙力増強剤の添加で対処することが多い。特に古紙パルプを原料とする紙では、最近資源の有効利用から坪量を減じる（段ボール原紙では、直近の約15年間で約8％）薄物化が進みつつあり、その際の強度不足を補うためもあって相当量の乾燥紙力増強剤、例えばデンプンやポリアクリアミドの水溶液を抄紙時に添加する（「内部添加」と言われる）。

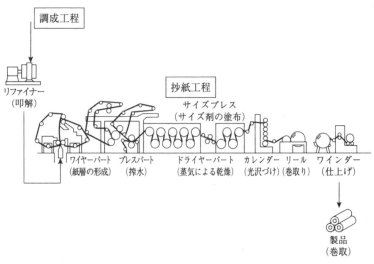

図4-2　長網抄紙全工程概要図

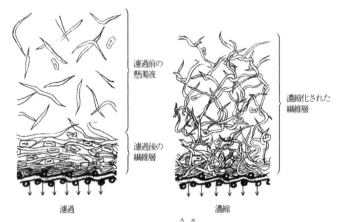

図4-3 紙層形成モデル図（左：濾過作用で層状になる。右：濃縮作用でフェルト状になる）(Parker. D. J. 1972)

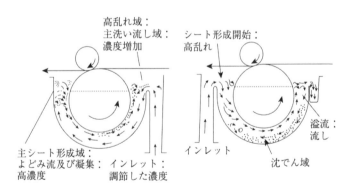

図4-4 円網抄紙機概要図

4-2　抄紙

　調成の終わった紙料（繊維濃度約1%の、どろどろ状のパルプ繊維懸濁液に填料や種々薬品が加わり、抄紙直前のもの）を網で抄きあげて脱水する工程である。工業的には機械化されており、その主要部分である抄紙装置以外に、搾水装置と乾燥装置があり、さらに紙表面を平滑にして光沢をつけるためのカレンダーなども含まれる（図4-2参照）。

　繊維懸濁液の脱水は主に短時間で行われる濾過プロセスであるが、その間に濃縮プロセスで散見される、繊維相互の緩い塊であるフロックの離合集散が含まれる（図4-3参照）。ただ結果として、紙中のパルプ繊維は網に対して平行でかつほぼ完全な層状を呈する（図1-1参照）。

　現在、工業的に用いられる抄紙機の多くは端のない帯状の金網、あるいはプラスチック網を連続的に動かしながら、その上に固形分濃度約1%の紙料を均一に流して網から脱水させる長網抄紙機であり（図4-2ワイヤーパートでは2枚の網が接触しつつ上方に高速回転し、その間に下方から連続的に紙料を挟みこむように吐出して、紙の表裏両面から同時に2枚の網を通して脱水することで湿紙を作製する）、海外では生産効率の良い、抄紙速度約2000m/分、抄紙幅10mの抄紙機も登場している。なお、網から抜けた水やプレスで除去された水は、微細

繊維や填料および気泡を多く含むので白く濁り、「白水」と称され、これらを回収・除去した水は繰り返して抄紙に用いられる。

　板紙の製造には、円筒状の金網を紙料層に入れて抄造する円網抄紙機もよく用いられる。紙料の分散媒である水が円筒内に流入することで、円筒外周の網上に湿紙が形成される（図4-4参照）。長網抄紙と比べると、円網抄紙の速度は大変遅いが、装置がコンパクトで多くの槽を連ねることが容易であり、それぞれの湿紙を重ね合わせる多層抄きに便利である。さらに、古紙が集荷しやすい大都市近郊の狭い工場でも抄造できることから、古紙パルプを多用する板紙の抄紙に多用される。ただ、既に述べたように（図3-6参照）、バージンパルプからの紙と比べて、一般に古紙パルプからの紙の強度は低い。ところが強度はほぼ坪量に比例するので（7-1参照）、坪量の大きい厚い紙にすると強度は増大する。板紙は坪量が大きく厚いので、その製造には湿紙を重ね合わせる多層抄紙がよく行われるのだが、この際板紙内部には低級の古紙パルプを使用し、表層は良質のパルプからの層構成にすることも多い。すなわち紙層内部はただ"かさ"あるいは"スペーサー"としてのみの役割だけが必要で、他方、表層では良好な印刷適性等も要求されるためである。また表面が緻密で内部はバルキーな紙など、用途に合わせた多層抄紙ができるのも紙の多様性の一つである。最近では、この多層抄紙を一度の長網抄紙で行う技術も

4 紙料と抄紙

開発されている。すなわち紙料を網に吐き出すノズルを複数重ねる方式、コンバーフローであり、抄き合わせ方式と比較して、紙層間の接着性は良好とされる。

次いで網から離れた湿紙（繊維分濃度約15%）はフェルト上に乗ってプレス（圧搾機）に運ばれる。プレスによる繊維間の良接触はその後の乾燥時に生じる繊維間結合の発達を助長し、紙はより高密度になり、またその表面は平滑になる（口絵参照）。さらにプレスによる多くの脱水は、その後の大量のエネルギーを要する乾燥工程で必要なエネルギーを減らす役割も大きい。ところがロールプレスによる強度の圧搾では、それまでにほぼ出来上がった紙層構造を壊す恐れがある。それで最近ではゴムロール圧を上げるのではなく、シュープレスを用いて、加圧時間を長くすることで脱水量を増やしている。その結果、紙の種類にもよるが、乾燥工程に入る直前の湿紙の固形分濃度は約45%から50%に向上した。それでも、紙層の中には未だ多くの自由水がある。乾燥工程での加熱により繊維間や繊維から派生するフィブリル間の自由水が蒸発する際、これらの間隙に残った水による界面張力は大きく、これが繊維間結合の形成に繋がる。図4-5は抄紙工程での脱水および乾燥に伴う繊維間あるいはフィブリル間の分子オーダーでの繊維間結合進展の模式図である。湿潤時において繊維あるいはフィブリル表面にあるセルロースまたはヘミセルロースの水酸基（-OH）は水分子で囲まれているが、プレスおよび乾燥

57

工程で水が抜けていくと、それらの水酸基（-OH）同士が近接して、物理化学的には可逆な水素結合を生じるようになる。これが分子オーダーでの繊維間結合の生成である。

乾燥工程では、通常、蒸気で加熱した多数の円筒間を湿紙が接触・通過することで乾燥が進む。この間、紙には均一に張力が掛かり、乾燥に伴う収縮や皺、さらには乾燥後の紙の吸・脱湿に伴う寸法変化も防止している。また、紙の種類によるが、乾燥後にカレンダーと称する数本の鉄ロールを重ね、その間に紙を通してその表面を一層平滑にし、光沢をつける工程を行う場合がある（図4-2参照）。なお、上記一連の抄紙装置群での紙の進行方向をMD、それに直角方向をCDと称する。

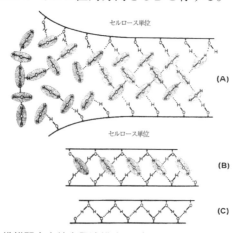

図4-5　繊維間水素結合発達模式図（Emerton, H.E. 1957）
（A）水分子を介したゆるい結合、（B）単層の水分子を介した結合、（C）直接の結合

5　環境対策

　自動車産業や電気器具産業のような、部品を調達して組み立てる産業と異なり、製鉄業やガラス製造業など、素材産業はいずれもその製造工程において大量のエネルギーが必要であり、その結果多量の炭酸ガスを地球上に放出して、地球温暖化を加速させている。製紙産業も素材産業の一つだが、クラフトパルプを製造している事業所に限れば、既に述べたように（3-2参照）、蒸解廃液（黒液）の燃焼に加えて木材の剥皮で生じた樹皮や木材片の燃料化などで多くのエネルギーを自製し、かつコージェネレーションシステムにより製紙工程ではその排熱を利用するなど、エネルギー対策は比較的進んでいる。また紙パルプの多くの事業所におけるボイラーでは、多数回リサイクルした古紙を廃プラスチックと混ぜてチョーク状に成型したRPFなどのバイオ燃料の利用が進んでいる。

　熱源として使用するボイラーでの燃焼で生じる煤煙や光化学スモッグも、かつては問題であったが、燃料としての低質石炭や重油の使用が近年減少（図3-5参照）したのであまり問題にされない。また、クラフトパルプ製造に伴う悪臭（硫化水素、メチルメルカプタンなど）発生問題も、その製造工程の連続・密閉化などにより大幅に改善された（以前は、パルプ製造工場全体で悪臭がし

59

たが、最近では蒸解釜まで近づかないと臭わない)。

　抄紙には大量の水が不可欠であり、水資源に恵まれた日本の製紙工場の多くは川のそばに位置する（木材チップの輸入および搬送に便利な海岸にある工場も多い）。ただ、自由に取水して使用後そのまま捨てることは許されず、排水による河川の水質汚濁を防止するため、昨今では、漂白や抄紙工程で回収した水の多くはできるだけ再利用する。例えば抄紙直後の排水（白水）中には微細繊維に加えて、抄紙時に添加したデンプンや薬剤の一部が紙層から抜けるので、前者は凝集沈殿法（薬剤を加えて水中でフロックとして沈殿させる）で、後者および漂白排水中のヘミセルロースやリグニンの分解物等の有機物は、活性汚泥法（泥中で賦活した微生物により分解させる）の利用によりその多くを除去している。最終的には生物学的酸素要求量（BOD）や化学的酸素要求量（COD）などの各種の排水規制値以下に適合することを確認して排水・放流する。

　紙材料は従来、情報・印刷媒体として認識されていたので問題視されてなかったのだが、脱プラの流れから物流・包装材となると、直接ではなくとも食材に接する状況も想定され、人間の体内に入っても安全か否かの問題が生じてくる。木材繊維自体は主要化学成分のセルロースを始め自然界に存在する物質なので安全であるが、紙には微量ではあるが添加薬剤等の添加物が、さらに加工

5 環境対策

紙には他材料が相当含まれ、これらについての安全性は
現在検討中である。

6　紙の構造

　金属などの他材料と異なり、その物性が構造と深く関わるのが紙材料の大きな特徴の一つであり、以下、紙の構造について解説する。

6-1　紙の構造量（坪量、厚さ、密度）

　繊維集合体である紙においては、繊維が抄き網の上にほぼランダムに沈着するので、紙面に平行な方向では複数の繊維が結合して作る多角形を単位とするネットワーク網目構造が、また厚さ方向では、抄紙が概略濾過プロセスで進むので繊維の層状的構造が認められる（図1-1、6-1参照）。さらに中間原料であるクラフトパルプが製紙会社に供給される段階では、パルプは堅く絞った後に乾燥したシート状で入荷するので（図3-2参照）、紙中の繊維断面は当初からほぼ扁平化してリボン状である。すなわち繊維ルーメン（繊維壁に囲まれた繊維内腔、図1-3参照）はほぼ消失し、繊維断面の長軸方向も紙面と平行である。加えて市販の紙には、紙表面や内部の繊維間、特に繊維間結合周辺に填料が存在する物も多い。これら紙の構造を表す代表的パラメーターが坪量、厚さ、密度である。

6-1-1 坪量

紙は元来平面材料なので、その基本量として単位面積当たりの質量である坪量（g/m^2）は、その構造および物性に大きく影響する。そのため、紙の製造・使用において坪量は極めて重要である。

坪量は力を伝える繊維網目構造の積層数に比例するので、例えば、紙面方向の引張強さは坪量にほぼ比例する

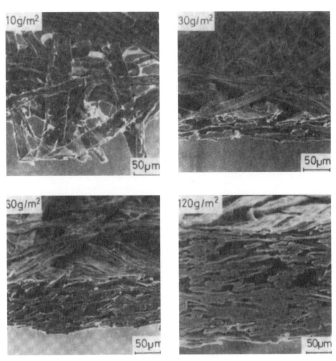

図6-1 針葉樹クラフトパルプから、実験室で作製した、坪量の異なる（10、30、60、120g/m^2）一連の紙

ことがよく知られている。他方、厚さ方向の構造は、図6-1からも分かるように、坪量が小さいとその発達が十分でなく、以下、針葉樹クラフトパルプからの紙での数値であるが、坪量約60g/m²以上になって明確な層状的構造を示す。それで、例えば多孔的性質の一つである透過係数（透気度に相当、7-3-1参照）と坪量の関係に見られるように（図6-2参照）、厚さ方向の物性が安定するのは、坪量が約60g/m²以上であり、坪量がより小さいほど空気は透過しやすくなる。実際、坪量10g/m²の紙では素通しの穴も認められる（図6-1参照）。

　なお当然ながら、木材資源のさらなる有効利用として、また物流コストの低減からも坪量を小さくする（紙を薄

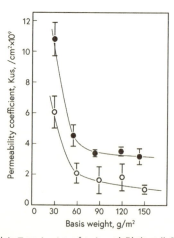

図6-2　針葉樹クラフトパルプから、実験室で作製した紙の透過係数における坪量依存性　縦軸：透過係数、横軸：坪量、○：未分別繊維からの紙、●：長繊維からの紙（山内龍男　1976）

くする)、すなわち紙の軽量化が進んでいる。ちなみに現在国内の新聞紙の平均的な坪量は約43g/m^2、コピー用紙のそれは約55g/m^{2}ある。しかし、軽量化は一方で強度的性質等の低下を招くので、製紙会社は強度を向上させる薬剤の添加などで対処している。

6-1-2 厚さ

紙は通常非常に薄い平面材料であるが、当然小さいながら厚みもあり、板紙を含む紙の3次元的な解析に厚さ値は不可欠である。次に述べる紙の密度の計算においても、また紙断面に関連する物性、例えばヤング率／引張応力値、あるいは気体透過係数の計算にも紙断面の面積、すなわち厚さ値が必要になる。さらに、8-1で詳しく説明するが、厚さは紙の"こわさ"(剛性)を決める最大

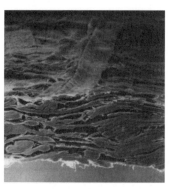

図6-3 よく叩解した針葉樹クラフトパルプから実験室で作製した紙の断面と表面(上半分)。右側部分は多くの繊維の集積が、逆に中央部では少ない繊維の集積が見られる

の因子であり、また厚さの変動は印刷など後で生じる紙加工工程での変動や、その搬送にも影響を与える。

抄紙工程の項で述べたように、紙は基本的には濾過作用による脱水工程の間、水中の各所でかつ同時に繊維同士のフロック形成およびその消滅を生じながら網に堆積し、結果として繊維が紙面に層状に堆積した構造を示す（図1-1、図4-3参照）。ところが、この繊維フロックの大小に加え、その生成や消滅に由来する避けられない繊維堆積状態（ミクロな坪量）の変動が結果として厚さの変動になり、紙面上から透かして見ると地合の模様として現れる。すなわち厚さの変動は、表面粗さの変動および地合ともよく対応する（図6-4参照）。また繊維をいくら均一に堆積しても、紙構成の基本要素である繊維の形状に由来する厚さ変動が存在する。抄紙後しばしば行われるカレンダー処理（図4-2参照）、さらにはコーティング工程（12-1参照）を経ると、紙の厚さ変動は軽減する。なお、国内で製造される紙は広葉樹パルプが主に用いられるのだが、その繊維長が短いために、フロック形成は軽減され、地合の良い、すなわち厚さ変動の小さい紙である。

厚さ測定の標準法としては、JISに準拠したスピンドル先端に円盤の付いたダイヤルゲージ式厚さ計が使用される（図6-5参照）。そこでは紙の厚さの変動やその圧縮性を考慮して、円盤寸法とそれにかかる圧力を直径14.3mm、100kPaに規定されている。しかし、この標準

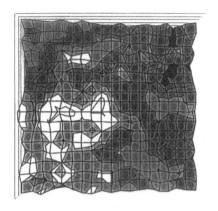

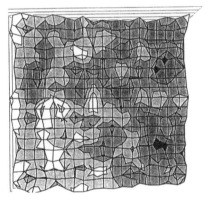

図6-4 針葉樹クラフトパルプから意図的にむらを生じるように実験室で作製した紙、軟X線で測定した5×5cmの地合図（g/m^2、左）、およびレーザーフォーカス変位計で測定した同じ位置での厚さ分布（μm、右）（篠崎真 2004）

法は、厚さ値を大きく評価してしまうことが知られており、研究や開発のための紙厚さ測定として各種水銀法やゴム板法が提案されている。

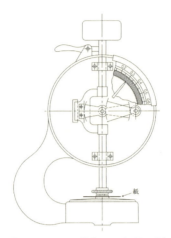

図6-5　JISに準拠した紙厚さ計

6-1-3　密度

　密度は時には緊度とも言われるが、紙材料特性を示す基本数値の一つである。紙を構成する繊維等の実質部分の密度との混同を避けるため、見かけ密度（apparent density）あるいはシート密度（sheet density）と呼ばれ、慣用的には、坪量/厚さとして求めるのだが、厚さ測定の標準法が厚さを大きく評価するので、逆に密度は小さく評価してしまうことに留意する必要がある。また、その逆数は「嵩たかさ（bulk index）」を表し、密度と共に紙中における繊維の相互接触の程度、すなわち繊維間結合の発達程度を示している。他の木質系材料と同様、紙においても密度と諸物性の間には有意な相関があり、密度から物性値をある程度推測できるので、基礎的パラ

メーターとしての密度は大変重要である。実際、同じパルプを用いてラボで作成した、リサイクル回数あるいは叩解程度の異なる一連の紙での引張強度と密度の間にある直線的関係（図6-6参照：共に同じクラフトパルプでの実験結果）に見られるように、原材料が同じで、程度の異なる一連の処理（ここでは叩解、およびリサイクル）をした場合には、密度と物性の間には強い相関関係がみられる。すなわち、叩解により繊維がより柔軟・偏平化すると、マクロではシートの密度が増大するが、ミクロレベルでは繊維間結合面積が増えることにより、引張強さをはじめ諸強度の増大がもたらされる一方、リサ

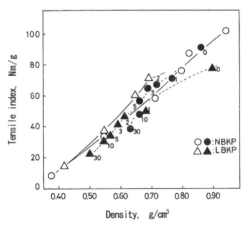

図6-6 針葉樹（NBKP）および広葉樹クラフトパルプ（LBKP）から、リサイクル回数（黒塗りで表示）あるいは叩解程度（白塗りで表示）を変えて実験室で作成した紙における引張強度（縦軸）と密度（横軸：密度の計算に必要な厚さ値はゴム板法で測定）の関係。添数字はリサイクル回数（Yamauchi, T 2015）

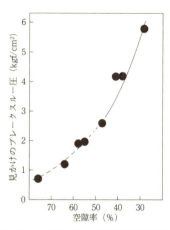

図6-7 針葉樹クラフトパルプから実験室で作製した一連の紙において、水銀圧入法で測定した、それらの空隙の隘路のサイズに相当するブレークスルー圧と空隙率の関係（●）、および球径14μmの球の充填体でのこれらの理論的関係（実線）（山内龍男 1975）

イクルにより繊維が剛直になるとシート密度および繊維間結合、ひいては引張強さが減少することと対応する。なお、紙実質部分の密度（木材パルプ繊維だけの紙なら$1.5g/cm^3$）が分かれば、次式（1－シート密度／実質部分密度）から体積空隙率（porosity）がみかけ上算出できる点でも、基礎的な数値である。

6-2 空隙構造

層状に集積した繊維集合構造の、いわば逆構造が紙の空隙構造であり、抄紙前の懸濁液では水に相当する部分

が抄紙工程中で空気（空隙）に置き換わり、結果として3次元かつ相互に連絡した複雑な形状の空隙構造になる（図1-1参照）。それで、空隙構造は次に記述する紙の不均一構造の一つでもある。空隙量（空隙率）は、紙の種類によるのだが、平均的には紙の体積の約半分は空気すなわち空隙である。金属やプラスチックなど、空隙を含まない他の材料と比べると、相互に連絡した空隙をたくさん含むのが紙系材料の特徴であり、力学特性を除く他の物性の多く、例えば（空気）透過性、フィルター性、光学的性質がこの空隙構造と直接的に関連する。興味深いのは、針葉樹クラフトパルプからラボで作製した紙の空隙構造は、主な抄紙条件である叩解、湿圧（実験室で抄紙する際、搾水のために、紙層形成後に加えるプレス圧力）の程度にかかわらず、球径14μmの球の充填体が作る、空隙率だけが異なる一連の空隙構造（充填球が作る3次元に相互連絡した空隙構造：代表的な空隙のサイズは球の充填体が作る隘路になる）に相当することである（図6-7参照）。

　紙中の空隙を分類すると、容積的に最も多いのは層状ネットワーク構造が作る相互によく連絡した繊維間の空隙、次いで繊維間結合あるいは繊維接触点周囲の空隙である。さらに極めて少量だが、繊維ルーメンに由来する空隙もある。なお、乾燥状態でのクラフトパルプ繊維壁内に空隙は存在しないが、サーモメカニカルパルプ（TMP）においては、その繊維壁内に孤立した空隙が存

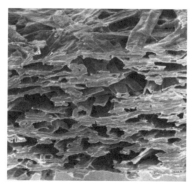

図6-8　実験室で試作したラテックス含浸紙断面ＳＥＭ画像

在することが指摘されている。また、市販の紙には繊維以外に填料や加工材料が含まれたり、表面に塗工層が存在するものも多く（図6-9参照）、そこではそれら同士およびそれらと繊維の作る空隙がさらに加わる。紙を加工したラテックス含浸紙（12-5参照）の内部空隙構造を図6-8に示すが、ラテックスポリマーが繊維間結合周辺に見られる一方、紙の空隙構造の大枠はほぼそのままであることが分かる。

6-3　表面構造

紙は扁平化した繊維の集積した材料なので、その扁平な繊維表面と集積構造の表面が紙の表面構造を形づくる（図6-1参照）。一方、ミルクカートンのように紙表面をプラスチックで被覆した場合の表面はプラスチック層の

表面がその表面構造になり、また塗工紙では表面に存在する顔料その他物質の集合構造が表面構造になる（図6-9参照）。したがって非塗工紙では紙の要素である繊維の寸法に基づく凹凸構造、および網目状の繊維集合構造が、また塗工紙では顔料の寸法に由来する表面凹凸構造が表面構造あるいは表面粗さを左右する。

6-4 紙構造測定法

空隙構造を含む紙構造の観察、評価には光学顕微鏡、走査電子顕微鏡（SEM）や水銀圧入計がよく用いられるが、近年、内部構造の3次元観察や評価に、共焦点顕微鏡やX線CTトモグラフィーも利用されるようになった。なお、紙構造の数的評価や検討にはJISに規定された方法もあり、例えば表面構造（表面粗さ）計測では従来からベック平滑度計などが使用されるが、それらの詳細についてはJISハンドブック等*を参照していただきたい。

*山内龍男：9章　紙の構造、とくにその表面構造の特性と評価

橋本巨監修　最新 高精度紙搬送設計とトラブル対策　トリケップス

(2008)

6-5 不均一な紙構造

市販の多くの紙は、程度の差はあれ何らかの意味で加

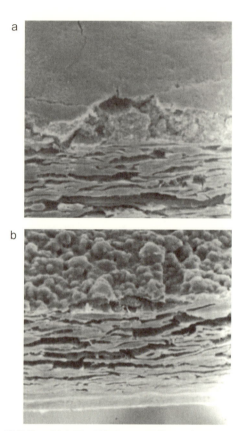

図6-9　機能塗工紙表面／断面SEM画像　a自動改札用切符用紙：紙表面は磁性体粉末の集合　bノーカーボン紙：紙表面はインキを含むマイクロカプセルの集合

工されており、パルプ繊維だけから成る単純な繊維集合構造に加えて、表面および内部に填料や種々の添加剤が、特に内部では主に繊維間結合周囲に存在する構造が知られている。例えば共に表面塗工紙であるが（12-1参照）、

6 紙の構造

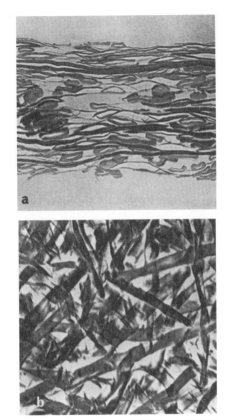

図6-10 実験室的に作製した紙の横断面aと縦断面b（光学顕微鏡写真）

自動改札用切符用紙では磁性体粉末が、ノーカーボン紙ではマイクロカプセルを含む層が繊維集合構造の上に堆積しており、これらも紙におけるある種の不均一構造になる（図6-9参照）。また既に述べたように、ラテック

ス含浸紙ではゴムが繊維間結合周囲を取り囲むように（図6-8参照）、あるいは筆記用紙では多くの填料が繊維間に存在する。さらに加工紙でない普通の紙でも、特に板紙では多層抄き合わせが行われており、近年紙層の内部は質の劣るパルプから、他方、表面近傍は良質のパルプから成る板紙も多い。これも紙の不均一構造の一つであり、当然物性にも影響する。以下では基準になる1層抄きの紙についての不均一構造について解説する。

6-5-1　不均一繊維集合構造の由来

　金属やフィルムにおいては、例外はあるが、その構造や物性は元来均一である。他方、紙は以下のように本質的に不均一な側面がある。すなわち、ある形状および寸法を有する繊維が抄紙過程においてほぼランダムに網上に沈着するので、マクロ的に見ると紙面に平行方向には多数の繊維により、あたかも網目（ネットワーク）のような構造を作る。一方、厚さ方向では抄紙がほぼ濾過プロセスで進むために、繊維がほぼ層状に重なった構造が認められる（図6-10参照）。ただし坪量が約$10\,g/m^2$以下では、ネットワーク構造が見られるだけで層状構造は未発達である（図6-1参照）。また、クラフトパルプからの紙では、既に述べたように未叩解でも繊維は偏平化し、かつその断面の長軸方向も全て紙面にほぼ平行で、ルーメン空孔はほぼ消失してリボン状であり（図6-10a参照）、さらに叩解したパルプからの紙では、柔軟に

なった繊維同士が抄紙工程の乾燥中においてよく接触するようになる。結果として図6-10bに示す紙の縦断面（光学顕微鏡観察、切片厚：1μm）で見られるように、繊維は局部的にやや折れ曲がり、1平面では繊維が断片状に多く観察される。このような繊維集合構造は走査電子顕微鏡を用いた観察で素早く直感的に理解できる。いずれにせよ、目で見える程度のマクロなレベルでは均一であっても、ミクロなレベルでは質量的に不均一かつ不連続な多孔質構造を有するのが紙の繊維集合構造であり、以下は紙に特徴的な不均一構造について説明する。

6-5-2　地合

　紙を紙面に直角に透かして見た時（板紙のように坪量が大きい紙は透かし見ることはできない）のむら、すなわち視覚的不均一性を「地合」と称するが、これは坪量あるいは密度（厚さが同じなら坪量の変動は密度の変動になる）の局部的変動である。抄網上での脱水過程において、繊維は塊（フロック）の離合集散を繰り返しながら網上に堆積するので、既に述べたように、湿紙における単位面積当たりの繊維数すなわち坪量の局部的変動が生じる（図6-4参照）。抄紙工程では、湿紙に湿圧、さらにはカレンダー処理（4-2参照）が加わるだけなので、（図6-4）のように、繊維の集積状態の変動でもある坪量変動は、密度や厚さの変動ともほぼ一致する。特に広葉樹パルプからの紙では繊維懸濁液が脱水される間のフ

ロック生成が少なく、結果として坪量変動は小さいが、他方、繊維長が比較的長い針葉樹パルプから作られた紙では、フロック生成がより多くみられるゆえに、より大きな坪量変動が見られる（図6-3、6-4参照）。さらに（図6-4）のように針葉樹パルプから、かつ意図的にむらを生じやすく抄紙すると、±20%以上のバラツキが生じる。しかし紙の種類や坪量にもよるが、市販の機械抄きの紙における坪量のバラツキは高々5%、おおむね数%程度であろう。また抄紙機によっても、フロック生成の程度やそれ自体の大きさが変わり、加えて抄紙機でのワイヤー独自のマークもあるので、犯人捜査に利用するために、事件現場に残された紙を鑑識することもある。

　地合の悪化、すなわち紙を透かした時のむらが大きいことは、紙中における低坪量／高坪量部分が増大することでもある。一般に強度は坪量にほぼ比例するので、低坪量の存在、特に試験片縁端部のそれでは、荷重負荷時に紙破断を引き起こしやすいと考えられている。したがって地合の悪化は一般に強度の低下を招くとして、抄紙段階で良好な地合を得ることは大事である。なお繊維長の大きい繊維を用いる和紙では様子が異なり、当然地合が悪いのだが、それで生じる透かしむらがアートとして賞翫されている。

　地合の評価は透かした時のむらの相対比較官能評価と併せ、透かし（光学濃度変動）画像あるいは軟X線（β

線や電子線でも可能）透過画像（坪量変動）から得られるパワースペクトル密度画像の評価や同時生起行列による評価が試みられている。

6-5-3 繊維の配向

実験室レベルで作製された手すき紙では、繊維は紙面においてランダムに配向する。しかし、市販の紙のように機械抄紙では、抄網の移動速度と紙料の吐出速度の僅かの差や抄紙機進行方向に働く張力の結果として、図6-11のように、程度の差こそあれ繊維は抄紙機の進行方向（MD：Machine direction）に少しだが配向する。その結果として強度においても異方性が生じ、MDの引張強度はそれと直角方向（CD：Cross machine direction）のそれより大きく、例えば、新聞紙で約倍になるほどであり、このことは紙の使用において重要である。

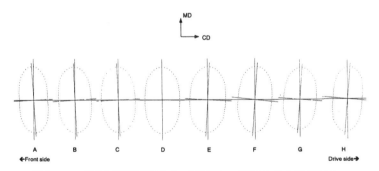

図6-11 音波伝搬速度図として表した、連続する市販紙面8ヶ所における繊維配向図例

6-5-4 厚さ方向と紙面方向

紙面方向（X-Y方向）内での繊維配向（MD、CD）差はそれほど大きくないが、厚さ方向（Z方向）と紙面方向との繊維配向差は極めて大きい。すなわち既に述べたように紙層内での繊維は厚さ方向に層状の構造を持ち、厚さ方向に配向する繊維はほぼ皆無である（図6-10a参照）。そのため力学的性質などは両者間で大きく異なり、例えば厚さ方向の弾性率は紙面方向のそれの約1/100との報告がある。紙面方向では繊維ネットワークで力を直接支えるが、厚さ方向ではそれがないためであろう。

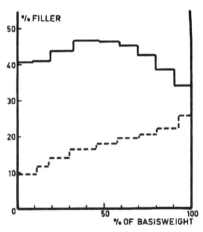

図6-12　実験室で作製した紙（実線）および機械抄き紙（破線）における填料の厚さ方向（横軸）分布の例　右側：ワイヤー側、左側：フェルト側

6 紙の構造

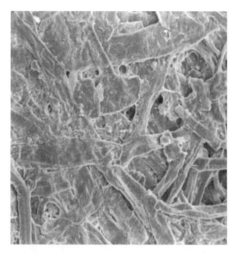

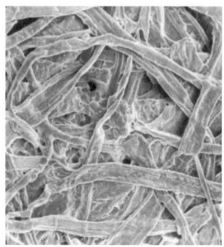

図6-13 市販紙における典型的なフェルトサイド(左)および
ワイヤーサイド(右)の例

6-5-5 両面性

　抄紙工程では網を使って脱水および紙層形成を行うので、網に接した側（ワイヤー側）と反対側（フェルト側：抄紙工程の途中でこの面にフェルトが置かれることからこのように呼ばれる）では、微細繊維や添加した填料の保持量が異なる。図6-12は長網抄紙における厚さ方向での填量分布の一例である。すなわちワイヤー側では網から相当量のこれら微細物が抜けるので比較的粗な構造であり、その表面も粗い。他方、フェルト側では既に紙層があり、微細物がそこを通過することは難しくなって紙層内に留まり、したがって比較的密な構造でその表面は比較的平滑になる（図6-13参照）。このようなワイヤーおよびフェルト側両面間で生じる構造上の差異を「両面性（two-sidedness）」と称する。両面間の差異は紙のカール発生や両面印刷時での印刷仕上がりの不一

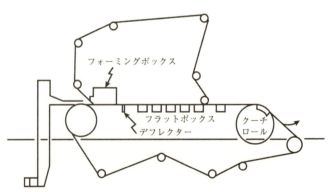

図6-14　オントップタイプのツイン長網抄紙機の例

6　紙の構造

致などに繋がるので、近年両面性をできるだけ少なくするような左右あるいは上下両面からの脱水機構を有する、例えばツイン型の抄紙機（図4-2および図6-14参照）が導入され、今日市販されている印刷・情報用紙の多くでは、両面性はかなり改善されている。

7 紙の性質

7-1 力学的および強度的性質（紙の強度：紙面方向の強さ）

　金属をはじめ、一般材料における力学的取り扱いは、それがミクロにもマクロにも均一で連続する物体であることを前提とする連続体力学であるのだが、既に述べたように紙は繊維の集合体なので、その中に多くの空隙を有するなど不均一な構造を持っていることから、紙材料においてこの前提は妥当か否かが懸念されていた。ところが、過去のいずれの研究でも、紙が力学的には連続均一体とみなし得ることを示している。例えば、僅かな力学的負荷に伴う紙における微小変形域での引張クリープ（変形量）は、再生セルロースの均一連続体であるセロハンフィルムのクリープと一致するし、紙面方向における2軸引張試験等からポアソン比などの紙の力学定数が求められ、約0.2の値が得られている。

　紙に力が掛かり続けると、僅かだが次第に変形してその後破壊に至る。岩石での圧縮、木材での曲げ強度試験のように、材料はその形態により標準的な力学試験は異なるが、平面的に成形できる金属およびポリマーや、紙を含む平面材料での最も代表的な材料力学（強度）試験は、面に平行でかつ1方向での引張試験であり、そこで

84

の破断時の最大の強度が材料の（引張）強度である。

　従来からいずれの材料でも、ギアーの回転を伝えることで速度が可変でかつ一定速度での引張（治具を変えれば圧縮／曲げ）試験が可能なインストロン型定速引張試験機の導入により、引張強度と共に伸びやヤング率、引張仕事量、さらには伸び変形量と荷重の関係（図7-1参照）など学問的にも基礎的に重要な数値が得られてきた。ただし、インストロン型試験機の場合、その通常の試験片つかみ治具で紙試料を保持して試験を行っても、厳密な意味での平面応力状態を、特に引張開始直後の紙に与えるのは結構難しく（紙は柔らかく、平面でないと、ねじり応力などが加わる。さらに試験機の軸のずれ、つかみ治具の平行性の欠如、つかみ治具への試験片の取り付け具合の不備などが重なる）、図7-2のようなガイド付きの治具に試験片を装着するか、2軸引張試験機（図7-3参照）のような特殊な装置で紙を縦横2方向に引張試験を行うことでのみ正確な数値が得られる。その結果、多くの紙で弾性率は1～10GPa、強度20～100MPa、伸び約数％の数値が得られている。

　紙材料の力学特性を詳しく検討するには、マクロからミクロに至る様々な視点で、破壊に至るまでの力学挙動の検討が重要であり、紙の変形・破壊挙動の研究は、いろんな側面から総合的に検討することでのみ理解が進む、非常に難しい問題である。例えば、短冊型[*1]に切り出した紙の引張負荷状態に伴い生じる、種々の変化（不透

明化、吸・発熱、音の発生など)から引張変形・破壊現象が検討されてきた[*2]。また、材料の破壊には破壊靭性(亀裂あるいは欠陥部から破壊が進行することを阻止する能力)の観点に立った検討も重要であるが、紙材料におけるこれらの詳細も別報[*3]を参照されたい。

*1 多くの材料では、試験片つかみ部分で生じやすい応力集中効果を避ける目的で試験片形状はダンベル型にするが、紙では応力集中は生じないし、またこの形状に切り出すことに問題があるので短冊型で試験する。

*2 特集 引張りに伴う紙の変形・破壊挙動とその評価、非破壊検査56 (11) (2007)

*3 山内龍男:破壊靭性測定法、繊維誌 53 (10) p330 (1997)

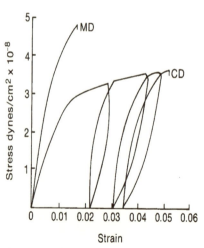

図7-1 紙の繰り返し引張過程における応力―歪(ひずみ)曲線例

7 紙の性質

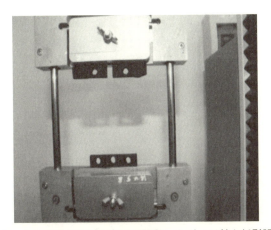

図7-2 カナダ紙パルプ研究所が開発したガイド付き紙引張試験用治具

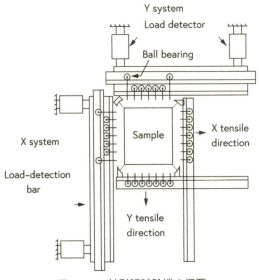

図7-3 2軸引張試験機の概要

一方で紙材料は歴史の古い平面材料なので、実用に即した紙独自の様々な強度試験が古くから開発されてきた。紙の下面に一定面積の円形ゴム膜をあて、それを膨張させて紙が破断する際の圧力を測定する破裂強さは、引張強さと伸びを反映した実用強度にも近いと考えられている（図7-4参照）。切り欠きを入れた試験片を用い、切り欠き先端からの破断に要する力学エネルギーを測定する破壊靭性試験でもあるエルメンドルフ引裂強さ（図7-5参照）、一定の力学的負荷を与えつつ連続的に紙試験片を折り曲げる、ある種の疲労強度試験である耐折強さ（図7-6参照）などがあり、今日それらはJIS等で標準化されて広く用いられている。

　なお、上述した引張強度を含む単純な力学量やこれらの強度的性質測定で負荷される荷重量は、坪量（厚さ）とは線形（比例）関係があり、他方、応力値の計算に必要な紙厚さの測定に問題があるので（6-1-2参照）、これら各種強度値も坪量で規格化した（除した）それが常用される。また、市販の紙は機械抄きなので、抄紙方向（機械方向、MD）およびそれに直角の方向（CD）があり（6-5-3参照）、前者では後者と比べ繊維の配向がより多いため、それぞれ程度が異なるものの、いずれの強度試験においてもより大きな強度を示す。

7-1-2　単繊維強度とゼロスパン引張強度
　紙の強度は繊維間結合強度と共に単繊維強度で決まる。

7 紙の性質

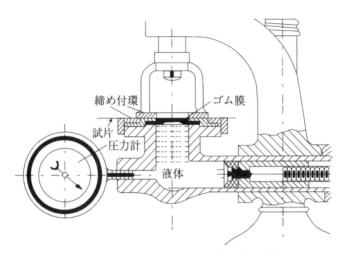

図7-4 ミューレン破裂試験器主要部の構造

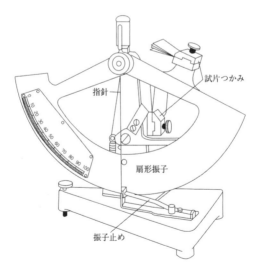

図7-5 エルメンドルフ引裂試験器概要図

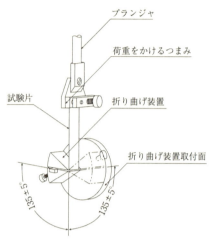

図7-6 MIT耐折試験器主要部の構造：一定引張負荷下、高速で折り曲げて破断に要する回数を測定

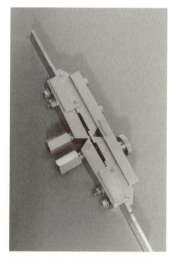

図7-7 ゼロスパン引張試験治具

例えば、リサイクルに伴う強度低下（図3-6参照）は後者でなく、繊維間結合面積の減少を主因とする前者の低下によるのだが、他方、長期保存に伴う紙強度の低下は後者の低下によると考えられている。

　実験上では、繊維が比較的長い針葉樹パルプ繊維を1本ずつ引張することで単繊維強度を測定することもあるが、バラツキが大きい。そこで現在では、図7-7のような装置を引張試験機に装着するゼロスパン（試験片つかみ間隔がゼロ）引張強度測定が行われている（別にゼロスパン引張強度測定専用の装置もある）。ラボで作製した紙では、繊維が面方向にランダムに配向するので、理論上では単繊維強度の3/8がゼロスパン強度になるので、その値から単繊維強度が類推できる。しかし、実際の測定では繊維の滑り抜けもいくつか同時に生じるので、同じ坪量の紙の間で測定することにより単繊維強度の相対的な評価として用いられている。

7-1-3　表面強度と剥離強度および内部結合強度

　紙および板紙において繊維は紙面方向に配列するため、紙面方向と厚さ方向では強さが大きく異なる。特に坪量すなわち厚さの大きい板紙においては、紙面方向と共に厚さ方向の強度も重要であり、その剥離試験においては、通常板紙で行われる抄き合わせによる層間あるいは最も弱い紙層内で破壊するので、それが厚さ方向の強さを与えることになる。また紙表面からの剥離強さは厚さ方向

における引張強さの一つであって、印刷時における紙面からの繊維の剥離強さとしてもよく研究されている。

　表面剥離強度としては、固さの異なる一連のワックス（Denison wax）からの剥離状態に基づく指標化や、紙層での剥離破壊を伴う感圧（粘着）テープの高速剥離に際しての仕事量による評価、さらには内部結合強度測定として、衝撃的に紙内部を剥がす際の仕事量を測定するスコットボンド内部結合強度（Scott bond internal bond strength）試験による測定も行われている。特に叩解等による繊維間結合面積の増加は、この内部結合強度の増大をもたらすと考えられる。

7-1-4　圧縮性（厚さ方向）

　強さや変形破壊ではないが、紙の厚さ方向への圧縮応力に対する応答が圧縮性（compressibility）である。これについては、多くの紙が薄い材料であり、既に述べたように、厚さの定義や測定法にも問題があるため、研究は未だ十分行われていない。ただし、紙の表層での圧縮性が紙層内部のそれより大きい点や、狭義の圧縮性である厚さ方向の弾性率が紙面方向のそれと比べて約2桁小さいことなど特徴的な点は、既にいくつかの研究で一致する。また、紙においては繊維が紙面に平行に厚さ方向には層状配列するので、ソフトマターとして取り扱われるような、厚さ方向で特徴的な圧縮性を示し、一方では、密度あるいは空隙率と直接関連する性質と考えられてい

る。すなわち、ティッシュペーパーのように、空隙率が大きく低密度の紙は容易に圧縮され、他方、空隙率の小さい高密度の紙は圧縮されない。図7-8は、ゴム板方式の紙厚さ計を用いて紙面への負荷の増大に伴う厚さの減少、すなわち静的圧縮変形を測定した例であるが、低負荷時での大きな変形にソフトマターとしてのこの紙の特徴の一端がうかがえる。包装における緩衝材としての紙の利用が広がることからも、今後検討されるべき性質の一つである。

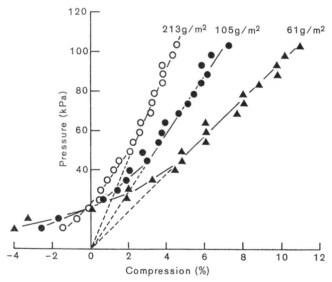

図7-8 坪量の異なる一連の手すきの紙における静的圧縮変形測定例（Yamauchi T. 1989）

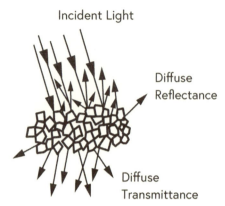

図7-9 紙における光拡散反射の模式図

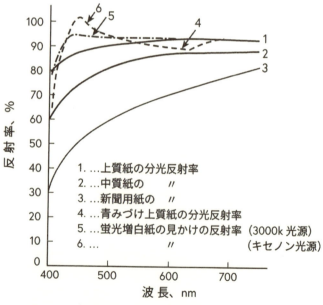

図7-10 各種紙の分光反射率曲線(土田幸造 1980)

7　紙の性質

7-2　光学的性質

　白色度、不透明度をはじめとする紙の（特に可視光領域での）光学的性質は、その化学組成と共にその構造に左右される。また、基本的に紙は繊維および填料の集合体なので、図7-9で見られるようにそこに入射された光は、一部は吸収されるが、その大半は紙表面および内部の各繊維および填料の表面で屈折または反射し、全体として紙面で反射するが一部は散乱透過する。

　紙を含む光散乱体の光学的挙動は、Kubelka-Munk理論に基づく散乱係数および吸収係数*で記述することも多い。後者の吸収係数は着色成分組成に依存するが、他方、前者は光散乱能であるから、光学的な意味での内部表面積（cm^2/g）でもあり、さらに紙中の繊維間非結合面積と見なせる。このことから、紙中の繊維間結合（面積）と強度的性質との関連の議論においては、光学的な繊維間非結合面積でもある散乱係数をよく利用する。なにせ、紙の強度を左右する、紙中における繊維間結合量、特に結合面積を測定する手段がないのである。また、以下に述べる紙の白色度、不透明度は紙の光散乱量に依存するので、光学的性質の基礎としても散乱係数は大変重要である。加えて填料を含む紙の散乱係数は、填料と木材繊維の質量比率および、添加する填料の散乱係数と添加する前の紙のそれとの単純比例計算で算出できる。このことは、光学的性質についての顧客の注文スペック

に応じた填料種および添加量を抄紙前に概略算出できることも意味し、散乱係数は重宝されている。

＊共に反射率ゼロの下地で裏当てた状態での紙の反射率（R_0）と、下地の影響を受けない状態（多数枚積層）での紙の反射率（R_∞）および坪量から計算できる

7-2-1　白色度

　紙に当たった光は、既に述べたように表面および内部の各繊維あるいは填料表面で屈折または反射し、全体として紙面で散乱反射する。同様に、霧や雪、さらに砂糖もその構成する粒子界面で光を屈折あるいは反射して、全体で乱反射することで全体として白く見えるのだが、紙も同じ理屈で白く見える。紙が光を吸収することなく、完全に光を散乱すれば理想的な白色になり、逆に完全に光を吸収すれば黒色を呈するのだが、インキが黒色なので、情報・印刷用に用いる紙としては通常白いほど好ましい（パルプを漂白する理由）。

　紙を構成する繊維は化学的には主にセルロース、ヘミセルロースが主体で、僅かながらリグニンも含むのだが、このうち前二者は光を吸収しないが、後者は光を吸収するのでリグニン量の多少、すなわち漂白程度が紙の白色度を左右する。また、紙に添加する填料（カオリンや炭酸カルシウムなど）は、ほぼ例外なく光を吸収せず、完全白色体に近い。

　物体の白色度の定義は材料により種々提案されている

が、一般に広く確立されたものはない。ただ紙、特に白い紙では、図7-10に示すように低波長側でやや吸収を示す分光反射率曲線を与えるので、その白さの程度は短波長光での反射率で顕著に示されることになる。そこで青色フィルター透過光（主波長457nm）を用い、下地に影響されない無限厚さ（坪量約60g/m^{2}の普通のコピー用紙で5/6枚重ね）にした時の紙の反射率R_∞を紙の白色度と定義して用いる。

7-2-2　不透明度

　紙が情報・印刷媒体として多用されるのは、その白さ以上に不透明であることによる。すなわちプラスチックフィルムと比較して明らかなように、紙に印刷あるいはコピーしても、裏面のそれらが透かし見えないからである。

　緑色フィルター透過光を用い、白色の標準白色裏当て板（通常緑色フィルター透過光で反射率89%）および黒色裏当て布（黒のベルベット）上に紙試験片を置いた時の反射率、それぞれ$R_{0.89}$とR_0の比$R_0/R_{0.89}$をTAPPI不透明度と呼ぶ。また標準白色裏当て板を用いる代わりに、無限厚さ状態での反射率R_∞との比R_0/R_∞である印刷不透明度を用いることも多い。

7-3　多孔的性質

　材料として紙が金属やプラスチックと大きく異なる点は、その多孔性である。これは長所でもあれば短所でもあるが、フィルター（濾過材）としての利用は前者の一例である。その空隙率は数10%から95%超と幅広いが、ちなみにコピー用紙は約50%である。既に述べたように、紙の空隙の特徴の一つは相互に繋がっていることであり、圧力差があれば流体は紙を透過するし、液体は毛管力により空隙を伝って内部に浸透する。

7-3-1　透過性（空気透過性：透気性）

　空隙を有しないポリマーフィルムでの気体透過は、まずその表面でのガス吸着、次いでフィルム内で溶解・拡散し、そして裏面での脱着により生じる。他方、紙のように材料内に空隙があり、それらが相互に連絡していると、多孔体の両端に圧力差があれば、流体（気体、液体）は空隙を通って透過し、それが層流であれば、その透過状態はDarcy則で記述できる。すなわち、透過した流体量は透過面積と圧力差に比例し、多孔体の厚さに反比例する。この関係式の係数、透過係数（単位はcm^2）は、多孔材料における透過性の特性値になる。叩解程度や坪量の異なる一連の針葉樹クラフトパルプからの紙でもこの関係式が成立することが確認され、図6-2の縦軸で示すように、透過係数として10^{-8}から$10^{-11}cm$

7 紙の性質

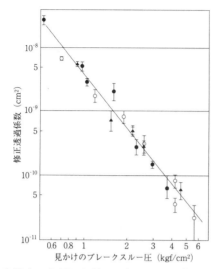

図7-11 実験室で作製した種々の紙における修正透過係数と空隙の隘路のサイズに相当するブレークスルー圧との関係（山内龍男 1976）

の値が得られているが、通常はJISに準拠した、透過面積が一定の装置（ガーレーデンソメータ）を利用して、一定容積の空気が透過する秒数を測定してその値で評価することが多い。透気性は当然紙の空隙構造と密接に関連し、紙の空隙での隘路の大きさを示す（水銀圧入法により検出できる）ブレークスルー圧力と透過係数の間には一義的な関係がある（図7-11参照）。

7-3-2 液体浸透阻止性（サイズ性）

筆記時のインクにじみを防ぐ目的で、今もロジン等のサイズ剤が紙に塗布されることが多い。インクにじみは

紙中における紙面および厚さ方向へのインクの浸透であり、通常日本ではステキヒト法により紙の厚さ方向での液体の浸透に要する秒数で評価される。また一定時間内での一定面積の紙面からの水の浸透量を重量増として評価するコブ法があり、さらに紙面方向の水の浸透度合いを水の上昇高さで測るクレム法もある。包装材料としての紙の利用においてバリアー性は極めて重要であり、紙中への水の浸透を阻止する薬剤（サイズ剤）のさらなる開発と共に、その浸透阻止メカニズムの解明が望まれている。

　一般に多孔体での液吸収（上昇）高さと時間の関係はLucas-Washburn式（$h^2 = r \cdot \gamma \cdot \cos\theta \cdot t / 2\eta$、h：液の浸透高さ、r：代表的な空隙サイズ、$\gamma\,\theta\,\eta$：それぞれ液体の表面張力、接触角、粘度）で記述できる。非水系液体の紙への浸透では本式の有効性が確認されているが、水の浸透では繊維の膨潤による紙構造変化を伴うので、この式から少しずれる。

8 紙の感性

8-1 紙のこし

　材料の紙のこしすなわち曲げこわさは曲げ変形に対する抵抗であり、材料力学に従うと弾性率と断面の慣性能率の積になる。紙のような矩形(けい)断面を有する試験片での後者は、断面幅をa、厚さをbとすれば、$a \cdot b^3/12$である。すなわち、紙試験片幅が一定であれば、曲げこわさは厚さの3乗と弾性率に比例する。複写機による紙の印字コピーやプリンターでの印刷では、機械内で紙が搬送されるのだが、ここでも紙のこしは大事であり、こしのない紙は機械内で詰まってしまう。また紙器、特に紙箱

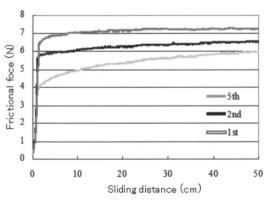

図8-1　コピー用紙とアルミホイル間の繰り返し摩擦力曲線
(Kawashima, N.　2008)

にはこわさが必要だが、そこでの厚さの効果は大きく、比較的坪量が大きくて厚い板紙の使用は合理的である。

こわさ試験法は片持ち梁の原理に基づき、細い紙片の一端を固定した時の自重による撓み量（角度）や、JISに準拠したクラーク試験器等を用いて評価される。

8-2　紙の摩擦

紙同士あるいは紙と他材料、例えばゴムとの摩擦は、紙の印刷や加工に際しての搬送における重要な性質の一つである。しかし紙の摩擦挙動は測定（搬送）条件や、僅かであっても表面の汚れの影響を受けやすく、また図8-1に例示するように繰り返して摩擦を測定すると、繰り返すたびに摩擦力曲線が異なることもあり、研究報告は少ない。

それら既往の研究の中で、異なる紙間での摩擦では、それぞれの紙の中間的な摩擦係数を示すことや、表面エネルギーの大きい紙ほど摩擦力が大きいことは紙の摩擦の特徴の一つとされている。さらに、測定（使用）雰囲気での相対湿度や測定加圧力の増加により摩擦係数は低下する。

ところで摩擦力は互いに滑る2面間での接触部で生じることから、摩擦下での接触状態（面積）の変化について金属同士のそれを中心に検討された結果、接触は塑性接触であり、それゆえに摩擦係数に及ぼす加圧力の影響

は皆無であるとするアモントンの摩擦経験則がよく知られている。またプラスチック同士の摩擦でも検討され、そこでは弾性と塑性の両接触の中間であった。ところが、表面加工を施されていない紙同士では弾性接触であり、このことは摩擦係数が加圧力の増加に伴い漸減する一因と考えられている。なお、塗工紙のように紙表面に極薄いプラスチック層が存在すると、その接触は弾性と塑性の中間であることも確認されている。

9 雰囲気の影響 (水分の影響)

　紙はセルロース系材料なので通常吸湿性を示し、雰囲気から水を吸収する。その程度は大略、紙周囲の大気の温度と相対湿度 (RH) で決まり、実験室で作製した紙における23℃・50%RHのJIS標準雰囲気下での含水率は5～7%程度である (図9-1参照)。ただ、同じ温度や湿度の下でも、紙がより乾燥あるいはより湿潤雰囲気側からの移行であるかにより含水率は微妙に異なる (ヒステリシス)。

　吸収された水分は木材繊維を可塑化し、かつ繊維間結合をゆるめるので、図9-2に見られるように相対湿度あるいは含水率による物性、特に強度的性質の変化は大きい。例えば引張強さは相対湿度約35%で最大値を示し、それよりさらに乾燥すると若干低下するが、おそらく繊維が硬くかつ脆くなることに起因するのであろう。ただし相対湿度約95%までの変化はほぼ可逆的である。他方、多孔性や地合のような構造および化学的性質は、相対湿度の影響をほとんど受けない。したがって紙の物性試験は通常この標準雰囲気 (23℃、RH50%) 下で調湿した後、やはりこの雰囲気下で測定することになっている。ただし実際の紙使用条件は、常温から高温加熱ロールに移送した場合など、標準雰囲気と異なる場合が多い。図9-3は高湿度から低湿度へ、あるいは低湿度から高湿

9 雰囲気の影響（水分の影響）

(湿度と水分の関係)

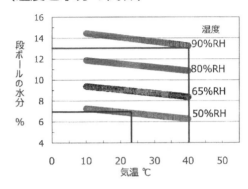

環境条件と含水率の関係

図9-1　段ボールの水分に及ぼす相対湿度と温度の関係

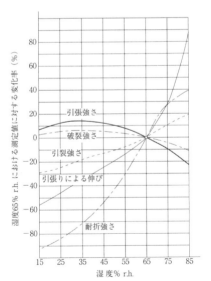

図9-2　紙の諸強度に及ぼす相対湿度の影響

度に雰囲気が変わった時の紙の水分変化の一例である。短時間でのこのような水分変化は、標準雰囲気での物性試験と共に実際の使用条件でのそれの重要性を示している。

　また一方で、実際の我々の周囲では関係湿度は常に変動している。図9-4に示すように、乾湿の繰り返しが一定荷重下での紙の変形に与える影響は極めて大きく、そこでの変形は高湿度下での紙の変形より大きいことが知られている。これにさらに温度の変化が加わる際の影響は一層複雑になるが、このような現象はメカノソープティブ効果（mechano-sorptive effect）といわれ、長年研究されているが、そのメカニズムは未だよく分かっていない。

9-1　寸法安定性

　金属やプラスチックにおいては温度による寸法変化が大きくかつ重要だが、紙では温度によるそれはほとんどなく、むしろ相対湿度あるいは含水率変化による寸法変化が大きい。

　相対湿度変化に伴う同じ位置での紙表面構造の変化を図9-5に示すが、繊維中のセルロース分子が繊維軸方向にほぼ配向しているので、含水率変化による伸縮は、繊維軸方向では少なく、他方、繊維幅方向で大きく最大20％程度もあり、これは繊維間結合を通じて紙全体に伝

9　雰囲気の影響（水分の影響）

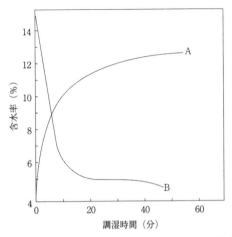

図9-3　相対湿度の変化に伴う紙中水分量の時間的変化、A：35%から85%、B：85%から35%RH（Scott, W.E. & Abbott, J.C. 1995）

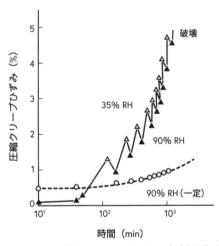

図9-4　圧縮荷重下の板紙におけるクリープ（変形）量に及ぼす雰囲気の影響：メカノソープティブ効果（(Byrd, V.L. 1972）

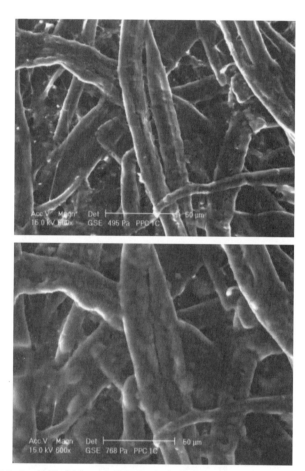

図9-5 乾燥（上）から高湿潤（下）雰囲気にした時のコピー用紙表面の変化

9 雰囲気の影響（水分の影響）

わる。その結果、相対湿度、次いで含水率変化による紙の伸縮は紙面方向で数%、厚さ方向ではさらに大きい。この含水率変化に伴う寸法変化に抵抗する能力は寸法安定性（dimensional stability）と呼ばれ、紙を乾燥した際の収縮率と密接に関係する。そのため、抄紙工程後半の乾燥過程では、湿紙には常に張力をかけつつ連続的に乾燥シリンダー間を通して、乾燥中の収縮を抑制することで寸法安定性の向上を計っており（4-2参照）、さらに紙の移送および使用においても、この雰囲気の維持が望ましい。

なお、一般に強く叩解したパルプからの紙やヘミセルロース含量の多い紙では繊維間結合が強固であり、乾燥/湿潤と雰囲気の変化に伴う各繊維の寸法変化が紙構造に伝達されて紙の寸法変化は大きい。他方、軽度に叩解したパルプからの紙では繊維間結合面積が少なく、繊維が動きやすく、紙構造そのものの乾湿寸法変化は小さい。また、紙の使用中に再度水がかかった後に乾くと、局部的な伸び縮みの結果としての寸法変化として、しわ（wrinkles）やふくらみ（cockles）、たるみ（wavy edges）が生じる。

9-2 変形（カール）

紙のカール（curl）は、その厚さ方向で含水率に差が生じ、結果としてこの水分による寸法変化が紙の厚さ方

向で異なった際に生じる。また、既に両面性（6-5参照）として説明した厚さ方向での密度勾配、すなわち、填料を含む微細物分布や繊維の配向の差異、さらには塗工等の加工により構造上厚さ方向にアンバランスがある場合などもその原因として考えられる。最近では抄紙におけるツイン化（図6-14参照）や塗工加工（12-1参照）での両面塗工の導入が進んでおり、紙のカールは少なくなったと言われる。

10　紙の劣化と保存

　紙を構成するパルプ繊維の主な化学成分であるセルロースは、リグニンと異なり、化学的に極めて安定であることが知られており、また「正倉院文書」が示すように植物繊維だけから作られた紙でかつ保存状態が良ければ、1000年以上経ても紙の劣化は極めて少ないとされている。ところが、数10年前までの一般紙は、酸性下で抄紙され、さらに添加薬剤の一つに硫酸バンドをよく用いた酸性紙であったので、劣化しやすく、欧米でもまた日本でも図書館に所蔵の本の中性化処理が叫ばれたことがあった。なお日本で抄紙された紙、特に太平洋戦争前後の紙はそこに使用されたパルプが劣悪であって、リグニンも多量に含んでいるので劣化が進んでいる。その後、中性下で硫酸バンド無添加で抄紙された紙を用いた筆者の研究により、紙の周囲の雰囲気で乾燥—湿潤が繰り返されることによっても紙が劣化することが分かった。「正倉院文書」では、木箱に入れて保管されるなど、周囲の雰囲気の変動が極めて少ないことが知られており、それゆえに劣化があまり生じなかったのであろう。

　現在、国内で市販される紙の多くは中性下で抄紙されており、周囲の雰囲気がほぼ一定で保たれ、カビの発生もなく、かつ虫による食害がないなど、保存・防虫条件が良ければ紙はあまり劣化せず、そこに記された情報は

長く保持されると考えられる。特にセルロース純度の高いパルプを用い、澱粉および薬剤無添加で中性抄紙した、永年保存用の紙も市販されている。実際、今から思えば騒ぎすぎたきらいもあったが、約25年前「2000年問題」として、パソコンが1999年から2000年への移行に対処できず、電子化された情報の処理ができないのではと危惧され、最も重要な基本情報は紙に記録されたと伺った。たしかに情報媒体としての電子媒体は便利だが、デバイスの変化で過去の情報が読み込めないことはしばしば経験する。そのため、一部基本情報は、今でも永年保存用の紙に記録されているようである。

11 紙と印刷

　紙は、文書および書籍や新聞をはじめとして、印刷技術の発展により情報伝達媒体として約2000年にわたり利用されてきた。印刷は、古くから中国で木版を、次いでドイツのグーテンベルグが情報を大量に複製する方式として活字による印刷を始めて以来、発展して、今日、紙と印刷は不可分ですらある。その主な理由として、紙は白色の平面材料で、そこには印刷インキ（黒色）が存在しやすい無数の細かい空隙があり、加えて不透明物体なので、裏側の印刷が透けて見えないことや永久保存性に優れるなどが挙げられる。したがって電子媒体が進化して広がり、ペーパーレスが叫ばれる今日でも、電子出版の過半が未だコミックであり、思考を伴う情報の伝達ではやはり紙媒体が優れることもあり（コロナ禍、オンラインでの講義の結果、科目によっては学童の学力が低下したと報道されている）、また情報の長期保存性においては電子媒体が劣ることが懸念されていることから、一定程度の紙印刷は残ると考えられる。一般に、同じ印刷物を大量に作るには版が必要になるのだが、版を作成して、その上のインキを紙に移す方式としては以下に説明するように、主に凸版、凹版、平版がある。

　紙の印刷適性として、オンデマンド印刷を除くいずれの印刷方式でも、加圧下で紙表面にインキを移し、浸透

させるので、そのための細孔の存在と共に、紙には適度な圧縮性、ならびに圧縮下での紙表面の良好な平滑性が望まれる。そのためには、図12-1に見られるように、パルプ繊維に比してそのサイズが1桁以上小さい顔料を紙表面に塗った塗工紙が有効である（12-1参照）。また一方で、インクのにじみを防ぐサイズ処理も欠かせない。

11-1　凸版（図11-1参照）

　版の凸部にインキをつけて、被印刷物である紙に画像を転写する。金属活字を組んで印刷するこの方式（活版印刷とも呼称）は印刷の歴史としては、木版（アルファベットで済む文字数の少ない地域でなく、多くの文字を使う中華文化圏で使用）に次いで最も古く、印鑑や版画のように線画やベタ印刷には向いているが、微妙な色合いの必要な雑誌等のカラー印刷では凹版や平版印刷に取って代わられた。ただ、原理的には凸版ではあるが、版の材質を金属からゴムやプラスチックにした、いわば近代化した木版であるフレキソ印刷は、版に粘弾性があるため、紙表面の平滑性がやや乏しくても、細字の再現性にも優れるので、今も段ボール等、包装用紙材料の印刷に広く使用されている。耐久性は劣るが、版作成が容易かつ安価であり、またインキが水性で健康被害が生じないこともフレキソ印刷の優れた点である。

11 紙と印刷

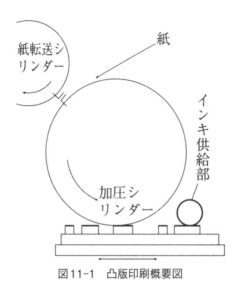

図11-1　凸版印刷概要図

11-2　凹版（図11-2参照）

　凸版とは逆で、金属の版の表面に線刻された凹部が画像になる。印刷はまず版面全てにインキを置き、次いで掻き取ると凹部にはインキが残るので、そこに紙を当てて画像を転写する。写真製版による細かい網状の凹点によって構成された凹版印刷を「グラビア印刷」と呼び、凹版印刷の別称にもなっている。色の濃淡や細かい色調差の要求される高級カラー印刷、また大量の印刷に適している。

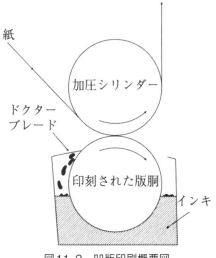

図11-2　凹版印刷概要図

11-3　平版（図11-3参照）

前二者と異なり、版上の画像部と非画像部は同一平面にある。前者は親油性、後者を親水性とし、水（湿し水）を含ませながら油性インキを塗ると、後者はインキをはじき、前者にのみインキが付着する。これを転写するのだが、インキ画像のある版を一旦、ゴムで覆われたブランケットシリンダーに転写し、これを再度紙に転写するので「オフセット印刷」とも言われる。新聞、雑誌をはじめ、情報用の紙の印刷では現在、本方式が最もよく利用されている。

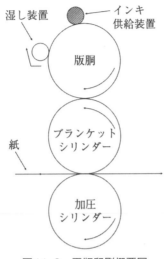

図11-3　平版印刷概要図

11-4　その他の印刷方式

スクリーン（網）状の版を使用する「スクリーン印刷」がある。昔よく利用した謄写版のように、まずスクリーンの小孔を塞いで非画像部とし、他方、スクリーンの画像部はインキが透過するようにして、スクリーン全面にインキを押し広げると、画像部のみ、下の被印刷物に画像が印刷される。微妙な色調印刷や大量印刷には適しないが、曲面印刷にその真価が発揮される。

いずれの印刷方式でも、紙にはインキを受理する多数の細かい空隙が表面にあることとともに、平滑性および白色度ならびに不透明度の優れた紙が望ましい。これら

の要求を満たすために発達したのが、クレーなどの顔料を塗工した紙である（図12-1参照）。

その他、最近では情報の電子化が進んだ背景があり、厳密には印刷方式とは言えないのだが、パソコンに接続する家庭用のプリンターのように、版を作らないでインクジェット方式で印刷する「オンデマンド印刷」が、迅速な少数部数用の印刷として用いられている。

また、印刷ではないが印写として、いわゆる「ゼロックスコピー」がある。図11-4は印字境界部分であるが、高分子の粉末とカーボンを主とするトナーが紙表面で融着して印字されている。

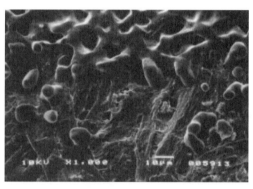

図11-4　コピー用紙上のゼロックス印字境界部分

12 紙の加工

　紙の加工として、まず紙そのものの加工がある。紙自体が繊維の層状集合体なので、その表面および内部に多くの空隙があり、そこを利用して、紙の機能を高めたり、あるいは本来存在しない機能を付与するために複合・加工する。特に紙自体は面状材料なので、その使用は平面的、すなわちその表面を利用することが多く、以下で説明する塗工、タブサイズ、貼り合わせなど紙の外部加工であり、その効果は大半、紙層の外側に限定される。他方、内部加工は、4-1で述べたように、抄紙前の紙料調成段階で行う加工、あるいは紙に対して行う含浸加工をはじめ、紙層全般にほぼ均一な加工である。

　紙の加工として、上記のように加工した紙を、さらに立体的に組み立てて紙系材料とする加工がある。近年ではカップ麺の容器が紙製になるなど、脱プラ対策として加工した紙を用いて紙器としたり、元来平面材料である紙を3次元化して、段ボール箱のように物の保存あるいは物流容器としての紙加工が行われている。

12-1 塗工

　紙での印刷におけるさらなる画質を向上するためには、紙表面の一層の平滑化が求められる。ところが、紙は短

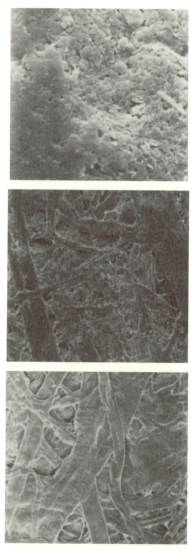

図12-1　上からコート紙、微塗工紙、塗工原紙の表面写真

繊維の積層体であることから、紙それ自体の平滑化は必然、限度がある（図12-1下参照）。そこで繊維より寸法がはるかに小さい無機顔料を紙表面に塗被することが考えられ、炭酸カルシウムやクレーを主とする顔料にデンプン水溶液あるいはラテックス（合成ゴムの懸濁液）のような結合剤を混ぜた塗料を高速で、かつ連続的に紙表面に塗り乾燥させる技術が前世紀初頭から発達した。その結果、塗工紙表面には無機顔料集合体が作る多数の細かい空隙があり、そこでインキを吸収するとともに、かつ平滑性が向上するので綺麗な印刷が可能になった。塗料を厚塗りして、下地の紙の上に厚い顔料層を作るようなアート紙（塗工量：両面約40g/m^2、図12-1上参照）もあるが、無機顔料の比重は大きく、塗工した紙が重くなることから、現在は、軽くても表面の平滑性を大きく向上させて印刷適性にも優れた微塗工紙（塗工量：両面12g/m^{2}以下、図12-1中参照）が多く製造される。また、最近では顔料以外に、インキを内蔵したマイクロカプセルを塗工したノーカーボン紙や、磁性体を塗工して乗車データ等を入力できる自動改札用切符用紙など、印刷用途以外の機能塗工紙が増えている（図6-9参照）。

　現在生産されている印刷・情報用紙の過半は塗工紙なので、紙加工の中でも塗工は飛びぬけて生産量が多い。したがってその製造技術は前世紀末にかけて高度に発達し、製造業における製紙会社の有する基本技術は抄紙と塗工関連と言われるほどである。最近では包装用途にバ

リアー性向上を目指した塗工剤や塗工法が注目されている。

12-2　タブサイズ加工

抄紙機（図4-2参照）のドライヤー部分の途中にゲートロール型サイズプレスあるいは2本のロール間をタブ槽として、そこに粘度の低い水溶液にした薬剤を入れて紙を通すと、前者（図12-2上参照）ではロール表面から、後者（図12-2下参照）ではタブ槽から直接紙の表層にかけて薬剤を浸透させることで連続的に紙を加工す

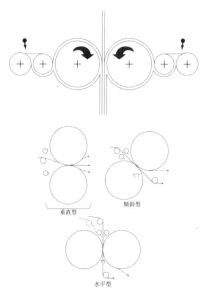

図12-2　代表的サイズプレス機概要図

る方式である。紙への水の浸透を抑制するサイズ剤の添加などによく使われるので、このように言われる。

12-3　積層貼り合わせ加工

　液状食品の容器として紙を使用するには、高度なバリアー性が不可欠である。しかし紙は元来多孔性であり、サイズ剤の添加により液体の浸透は抑制できても、いずれ浸透してしまう。そこで完璧な液体遮蔽手段として、紙表面へのポリマーフィルムや金属箔の貼り合わせ、積層化が必要になる。使用するポリマーフィルムにはポリプロピレン（物性の優れた2軸延伸物が多用される）やナイロンなどがあるが、気体透過性阻止能の極めて高いポリ塩化ビニリデンなども使用する。

12-4　押し出し塗工（エクストルージョン塗工）

　液体に対するバリアー性を紙に与える目的で、ホットメルト接着剤のような溶融したポリエチレンを、それが固化する前に連続的に厚く塗ることで（図12-3参照）プラスチック層を紙表面に作る外部加工であり、ミルクカートン（牛乳パック）や酒類の容器など液体容器用の紙に広く用いられる紙加工法である。プラスチック容器の代替として厳密には脱プラとは言えないが、省プラの紙系材料である。

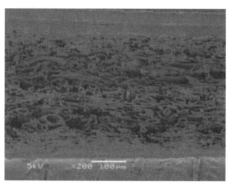

図12-3　牛乳パック断面写真。紙層の上下両側にPEの層が見える

12-5　含浸

　紙は元来多孔性なので液体を容易に吸収する。この特性を生かし、薬剤の溶液や通常ラテックスと称するポリマーの分散液を紙に浸透させて後、乾燥させることで、元来なかった性質を複合的に紙に与える外部加工。食品包装用のワックス含浸紙や擬革紙や壁紙などにその使用例がある（図6-8参照）。

12-6　段ボール

　紙を3次元材料にする紙加工の代表であるが、軽くて緩衝効果が優れていることもあり、近年の通販による宅配便の急増を担っているのが段ボール箱である。段ボール自体は、図12-4で示すように、コルゲーターにおい

12 紙の加工

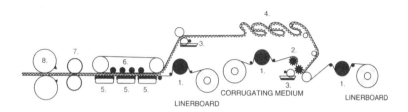

1. PREHEATING
2. CORRUGATING ROLLS
3. GLUING
4. BRIDGE
5. HOT PLATES
6. PRESSURE ROLLS
7. SLITTING AND SCORING
8. CUTOFF

図12-4 段ボールの製造：2本の歯車（2）に噛み合うようにして紙に波型を与え、同時にその山の部分に接着剤をつけて（3）ライナーと貼り合わせる。

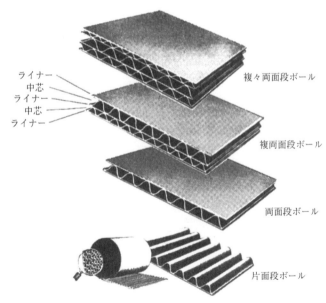

ライナー
中芯
ライナー
中芯
ライナー

複々両面段ボール
複両面段ボール
両面段ボール
片面段ボール

図12-5 各種段ボール

て2本の歯車が噛み合う形で中芯原紙に波形を与え、同時にその山の部分に接着剤をつけて、表面の平らなライナーをその両面に貼り合わせた基本構造（図12-5参照）から成る。用途に応じて、波形の高さと幅、また層数の異なる段ボールを使い分け、さらにそれを製函した紙製の保護容器として、物流や物の保存に広く利用される。

12-7　紙管

帯状の厚手の再生紙を金属筒に巻き付けて出来た管（筒）で、主に紙、繊維、フィルム、金属箔等を巻くための軸として使用するが、容器や緩衝材としての利用もある。少し工夫すれば、段ボールと共に災害時の簡易ベッドや建築材にも使用され、最近ファストフード店で、ポリストローの代用として見かける紙製ストローの多くはこの方法で作られている。

12-8　モールド

平たい網で繊維懸濁液を抄くと考える紙の概念からは少し外れるが、型枠に繊維懸濁液を流し込んで枠の網から脱水して、3次元構造の紙製品を成型する方法である。流通時の卵の保護ケースとして、世界的に昔からよく利用されている（日本ではプラスチック製の透明ケースが

多いが、古紙パルプ製のモールドも見かける）。3次元的に自由な形状の紙製品が作れるので、プラスチック製の容器に代わるものとして現在、市場に多くの試作品が提供されている。欧米在住の知人によると、病院で使用する尿瓶は日本のようなプラスチック製でなく、使い捨てで焼却処分ができるこの紙製モールドが使われている。

主要参考図書

和書

陳舜臣：紙の道　読売新聞社（1994）

山内龍男：紙とパルプの科学　3版　京都大学学術出版会（2021）

山内龍男：紙の構造と物性　その基本　～Q&A付～　R&D支援センター（2018）

大江礼三郎他：パルプおよび紙　文永堂出版　絶版（1991）

門屋卓他：新・紙の科学　中外産業調査会　絶版（1989）

市浦英明 監修：紙の加工技術と産業応用　シーエムシー出版（2022）

繊維学会編：図説　繊維の形態　朝倉書店（1982）

日本製紙連合会：紙・パルプ産業の現状　2024年版

JIS ハンドブック　32 紙・パルプ　日本規格協会

紙パルプ技術協会：紙パルプの試験法

洋書

Lyne, B. and Borch, J.（ed）: Handbook of Physical Testing of Paper, 2nd Ed, Revised and Expanded Vol 1,2 MARCEL DEKKER（2001）

Scott, W.E. and Abbott J.C（revised）: Properties of Paper: An Introduction TAPPI Press（1995）

Smook, G.A.（ed）:Handbook for Pulp and Paper Technologists（4th ed), TAPPI and CPPA（1987）

Parker, J.D: The Sheet-Forming Process TAPPI STAP No.9（1972）

TAPPI TEST METHODS

山内龍男（YAMAUCHI Tatsuo）
(株)やまうち七兵衛商会代表取締役
E-mail：yamauchi.tatsuo.x42@kyoto-u.jp

あとがき

　新型コロナウイルスが蔓延した間は、仕事が在宅になり、ステイホームが叫ばれて重宝したのが、宅配とテイクアウトであった。これらは共に包装がなければ成立しない。前者では保護・緩衝材として紙系材料が、後者では様々な形状でかつ中身がよく見えることから、プラスチック系材料が大活躍した。その一方で、調理済食材の容器としてプラスチックが多用され、そして捨てられるのであり、プラスチックに由来する環境問題を引き起こしているのだが、利用者は自覚に乏しい。

　そこで、今や待ったなしの地球温暖化対策としての脱プラ材料と言われているのが、カーボンニュートラルな生分解（バイオ）プラスチックと紙材料である。ただ前者は、その製造における原料が人類の食料として競合するし、非可食原料を用いれば、原料としてはその安定的な質と量の確保が難しい。一方、紙材料はリサイクルにも優れた材料だが、バリアー性や成型性等において劣る。

　それで、今後の包装材を主とする有機系材料の方向性としては、量的には紙系材を用い、加工により、それの欠点を補う形での少量の汎用プラスチックやバイオプラスチック、および生産量は少ないが、高機能を有する石油由来プラスチックの使用が主流になるような気がする。すなわち、プラスチックから紙への流れである。

ここで紙系材料が再び注目されているのだが、紙パルプ学、とくに紙材料の物性を研究する国内研究者は今やほぼ皆無である。筆者はこの紙材料および紙加工の専門家として、とくに紙の物性研究を長年続けて、多くの成果を国内外で公表するとともに、大学で長年講義してきたこともあり、近年脱プラ時代の紙材料について、種々問い合わせが来るようになった。また、時代を見越してであろうか、紙の基礎について学ぶ場としての講演やセミナーの依頼は増えている。

　例えば日本包装学会誌33巻2号（2024）の特集「プラスチック削減に向けた紙加工およびCNF複合による機能付与」においても紙加工の解説を依頼され、"紙の加工—プラスチックから紙へ"と題して筆者の拙文が掲載されており、ここでは許可を得て付録とするので、併せてお読み頂ければ幸いである。

　はじめに述べたように、あまり知られていない紙材料について、より広く一般の方を対象に本書の原稿を書いてきたのだが、多くの出版社は、あまり売れそうにないとかで取り上げて貰えなかった。なにせ今も出版される本の内容は文系ばかりであり、出版業界は文系偏重が著しいように思われる。そこで実質自費出版でもと考え直して、ここに世に問う形になった。

　最後に紙パルプ関連統計の資料を頂いた特殊東海製紙（株）の福井里司氏に謝意を表したい。また、紙パルプ学は非常に広範な学問分野なので、著者の間違いや抜け

あとがき

落ちもあると思われる。ご指摘頂ければ幸甚です。

索引

悪臭　59

網目構造　62, 63

エネルギー　3, 11, 13, 18, 30, 38, 41,
　42, 45, 57, 59, 88, 102, 134, 135

塩素　48, 49

オゾン　49

オフセット印刷　116

外部フィブリル化　52

化学パルプ　18, 19, 20, 32, 34, 36, 40

苛性ソーダ　40

過酸化水素　49

活性汚泥法　60

仮道管　27

カール　82, 109, 110

カレンダー　55, 58, 66, 77

含浸　72, 76, 119, 124, 134, 138, 139,
　140, 145, 148, 149

顔料　3, 24, 44, 73, 114, 118, 121, 141,
　142

機械パルプ　18, 19, 36, 42, 48, 49, 52

凝集沈殿法　60

クラフトパルプ　口絵, 14, 18, 20,
　36, 39, 40, 41, 42, 45, 48, 50, 59, 62,
　63, 64, 65, 67, 69, 70, 71, 76, 98

クレー　50, 118, 121, 141

空隙率　70, 71, 92, 93, 98

Kubelka-Munk　95

原紙　44, 53, 120, 126

叩解　50, 51, 52, 65, 69, 71, 76, 92, 98,

109, 138, 139

黒液　41, 42, 59

古紙　13, 27, 31, 38, 42, 43, 44, 45, 47,
　48, 49, 50, 53, 56, 59, 127, 145, 146

サイズ　50, 70, 71, 99, 100, 114, 122,
　144, 145

サイズ剤　50, 99, 100, 123, 144

サーモメカニカルパルプ　36,
　39, 71

散乱係数　95, 96

地合　29, 30, 48, 66, 67, 77, 78, 104

抄紙機　54, 55, 56, 78, 79, 82, 83, 122,
　144

紙料　49, 50, 55, 56, 79, 119, 147

紙力増強剤　50, 53, 144

蒸解　18, 41, 59, 60

水素結合　32, 35, 58

寸法安定性　106, 109

生物学的酸素要求量　60

セルロース　11, 18, 32, 34, 35, 38,
　41, 43, 57, 60, 84, 96, 104, 106, 111,
　112, 138

ゼロスパン引張強度　88, 91

ゼロックスコピー　118

繊維　口絵, 3, 4, 10, 11, 14, 15, 16,
　17, 18, 19, 24, 27, 28, 29, 30, 31, 32,
　33, 34, 35, 36, 38, 40, 41, 42, 44, 45,
　46, 48, 50, 51, 52, 55, 57, 58, 60, 62,
　64, 65, 66, 68, 69, 70, 71, 72, 73, 74,

132

75, 76, 77, 78, 79, 80, 84, 86, 88, 91,
92, 95, 96, 100, 104, 106, 109, 110,
111, 114, 119, 121, 126, 137, 138,
145, 146

繊維間結合　32, 52, 57, 58, 62, 68,
69, 70, 71, 72, 74, 76, 88, 91, 92, 95,
104, 106, 109

層状構造　76

ダイオキシン　49

耐折強さ　88

Darcy則　98, 140

脱インキ　45, 47

脱水　3, 36, 53, 55, 57, 66, 77, 82, 83,
126

タブサイズ　119, 122

炭酸カルシウム　50, 96, 121, 141

段ボール　44, 47, 53, 105, 114, 119,
124, 125, 126, 148

チップ　18, 19, 27, 28, 29, 30, 31, 36,
40, 41, 42, 43, 60

坪量　20, 29, 53, 56, 62, 63, 64, 65, 66,
68, 76, 77, 78, 79, 88, 91, 93, 96, 97,
98, 102, 138, 139

添加剤　19, 74

デンプン　33, 53, 60, 121, 141

填料　3, 44, 50, 55, 62, 72, 74, 76, 80,
82, 95, 96, 110

道管要素　29

透気度　64

塗工　3, 24, 72, 73, 74, 103, 110, 114,
118, 119, 120, 121, 122, 123, 134,

141, 142, 143, 144, 145, 147

内部添加　53

破壊靭性　86, 88

白水　56, 60

白色度　45, 95, 96, 97, 117

バージンパルプ　19, 45, 48, 56

パルパー　45, 46, 50

破裂強さ　88

微細繊維　38, 50, 55, 60, 82

引張強さ　63, 69, 70, 88, 92, 104

非木材繊維　4

漂白　19, 20, 36, 48, 49, 60, 96

表面粗さ　66, 73

不透明度　95, 97, 117

プレス　55, 57, 71

フロック　55, 60, 66, 77, 78

平滑度　73, 142

ヘミセルロース　32, 33, 34, 35, 38,
41, 43, 52, 57, 60, 96, 109

ポリアクリルアミド　144

曲げこわさ　101

毛管力　98

溶解パルプ　18, 34, 36

ラミネーション　147

リグニン　18, 33, 34, 38, 40, 41, 48,
60, 96, 111

両面性　82, 83, 110

濾過　54

付録：紙の加工—プラスチックから紙へ—
Paper Conversion -From plastics to papers-

　紙をプラスチック代替材料とするには、バリアー性、伸張性の向上、加えて透明化が求められる。ここではこれらの対策として、例えば塗工、貼り合わせ、含浸などの種々の紙加工を簡単に説明する。

Paper should provide excellent barrier properties, extensibility and further transparency for alternatives of plastics. Various paper conversions for these purposes, such as coating, lamination and impregnation are briefly described in this review.

キーワード：加工、バリアー性、伸張性、透明性、塗工、貼り合わせ、含浸

Keywords: conversion, barrier properties, extensibility, transparency, coating, lamination, impregnation

1．はじめに

　昨今、地球温暖化が原因で日本でも異常気候が続いている。よく言われるのが、19世紀の産業革命すなわちエネルギー革命で石炭を利用し始めて、さらに20世紀からは石油を利用するようになって世界の平均気温が上昇を続けていることである。

　これらは共に地球に長年埋蔵されてきた炭素資源であ

付録：紙の加工—プラスチックから紙へ—

り、それらをエネルギーとしてあるいは物として利用すれば、最終的にはCO_2が空気中に放出されその濃度は上昇する。そこでその対策が急務になっており、昨年末にはUAEを開催地としてCOP28が開かれた[*1]。究極的には石炭および石油の使用を止めなければならないのだが、それで人類が生活する上で必要なエネルギーをどのように調達するか、すなわち代替エネルギー問題が生じる。

　もう一方の問題は、現在石油から作り出される物であるプラスチックの代替をどうするかである。プラスチック材料は、安価に加えてその優れた特性故に、生活資材として広く使われるようになって久しい。実に石油化学製品の過半は包装用途のプラスチックが占める状態が続いている。ところが、プラスチックは腐らない（生分解が起こらない）ので海洋プラスチックなど環境問題を引き起こしている。もちろん燃やせばCO_2を排出することから、近年脱プラスチックが叫ばれるようになった。そこで登場するのが共にカーボンニュートラルな材料であるバイオマス由来の生分解性プラスチックであり、紙材料の利用である。前者ではポリ乳酸がよく知られているが、他にも研究開発が盛んに行われている。他方紙は約2000年の歴史を有する材料であり[1,2]、長く情報用途が主流であった[*2]。またリサイクル性も優れていることから今も安価で安定的かつ大量に作られているので[3]、それを加工してプラスチック代替にしようとの産業界の

要望がある。

　紙を加工して、容器にしたり、日常の様々な品物に使用する試みは古く、100年以上前から既にあった（その一部は東京の王子にある紙の博物館に展示されている）。しかし、その性能ならびに価格においてプラスチック製品より劣ることから、次第に廃れていった経緯がある。従って過去の紙加工製品の中には、さらに進化させた紙製品としてこの脱プラの流れで復活しつつある物もある。

　＊1　CO_2をより多く廃出する石炭の段階的使用削減が国際会議で議決されている。究極的にはCO_2を分離固定しさらにその利用技術が確立できれば良いのだが、実用化されて一般的な技術になるのはかなり先と考えられる

　＊2　近年ペーパーレスが叫ばれるが、紙は長年印刷・情報用途で開発され、利用されてきたので紙＝情報媒体との認識があり、近年の情報電子化によりこの用途の紙の使用・生産量は減少している。

2．紙材料をプラスチック代替とするには何が必要か（紙とプラスチックの材料物性比較）

　紙は元来平面材料であり、またその伸展性は、紙種にもよるが、通常数％なので三次元製品にするのは不向きである。他方プラスチックの大半はその名前の由来が示すように大きな進展性および可塑性故に、容易に様々な三次元形状の製品にもなる。また紙は多孔性の材料であ

り（図1参照）、気体や液体は容易に透過できるが、他方プラスチックはこれら流体に対するバリアー性がある。さらに紙は水に弱いがプラスチックは強い。加えて同等の厚さで比較するとプラスチックは透明だが、紙は繊維集合体なので元来不透明な物体である。これら紙の特性はプラスチック代替、とくに包装用途では重要な点なので、それらを踏まえた以下のような紙加工が考えられている[4,5]。

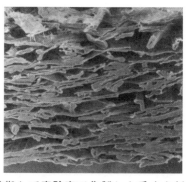

図1　JISに準拠して実験室で作製した手すき紙の断面/表面SEM写真[6]

2.1　高伸張化

紙の成型加工やその使用において、紙に高伸張性が求められる場合がある。そのため昔から幾つかの手法が考えられている。その一つとして市販の紙は、全て機械抄紙の紙であり、そこでは張力を掛けながら乾燥するのだが、その張力を下げると紙の伸張性は幾らか改善できる。

またクルパック加工と呼ばれる、紙に極く微小なシワを無数に与えることでも伸張性は向上する。また以下で述べる含浸加工により紙にゴムを複合させることでも高伸張性が付与される。

他にも繊維に予め捩じりを与えたり、長繊維を加えたり、パルプの前処理である叩解を強度にすることでも伸張性は改善される。

2.2 透明化

紙は繊維の集合体であり、その繊維界面での光の屈折で紙が全体として不透明になるのであり、紙における繊維同士の結合程度を上げれば、また繊維総数を減少（低坪量化）すれば繊維表面積すなわち内部表面積が減少して不透明性は低下する。具体的には抄紙前におけるパルプの前処理である叩解を強度に行う一方、坪量を少なくすれば良く、グラシン紙にその例がある。またラテックス含浸加工*で見られるように、屈折率が繊維（セルロース）のそれと同等の物質を紙中に充填することでも内部表面積を減少して、紙を透明化できる。図2は坪量および叩解と透明性の関係、またラテックス含浸およびその熱圧に伴う透明性の向上を図示している[7]。高坪量紙の透明化には透明なプラスチックを中層にする三層化で解決でき（図3参照）、市販もされている。

なお紙ではないが、木材パルプを溶解した後、フィルム化したセロハンは安価かつ非常に透明な既存材料であ

り[8]、また最近では高価であるが、やはり木材パルプ由来のCNFから透明材料が作れる。

*含浸加工：紙の多孔性を利用し、その空隙内に、含浸剤を入れることでそれと紙との複合構造を作る（図4参照）。耐水・耐油性のあるワックスペーパーもその一つだが、高濃度でも粘度が低いため大量に注入可能な懸濁液状態のプラスチック（ラテックス）を含浸剤にすると、使用するプラスチックの種類と含浸量次第だが、伸張性のある紙に、あるいは透明性のある紙の作製に利用されている[9]。

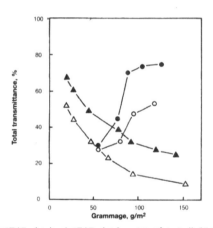

図2 高度叩解（▲）未叩解（△）パルプから作製した手すき紙、未叩解パルプにラテックス含浸（○）さらにそれを熱圧処理（●）した紙における坪量と透明度との関係[4, 7]

2.3 バリアー性付与

既に述べたように紙は多孔性で、紙中の空隙は相互に

図3　市販の半透明紙断面SEM写真

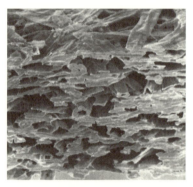

図4　ラテックスを含浸させた手すき紙の断面SEM写真

繋がっており、液体や気体はその空隙を通って、全体としてDarcy則に従い容易に透過する[1, 2]。プラスチック並みのバリアー性を得るには、以下の手法で紙表層に空隙のないプラスチック層を作れば、液体は透過できず、また気体はその表面での吸着、内部層内での拡散、次いで内部表面からの脱着で移動するので気体の紙内部移動

は大きく低下する。そのために紙表面にプラスチック層を設けるのである。なお各プラスチック層内での拡散はその厚さと拡散係数で規定されることが重要である。

図5　自動改札乗車券用紙の表面/断面SEM写真[4]

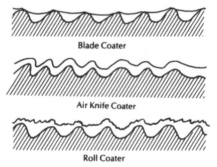

図6　3種の代表的な塗工法による塗工層の断面模式図（基材である紙層は斜線で表示）[10]

2.3.1　塗工：
元来、クレーや炭酸カルシウムなどの顔料にその結合剤としてデンプン溶液やラテックスを加えて塗工液とし、それを紙表面に薄く塗ることで、インク

受理性や平滑度の向上を目的とした情報・印刷用紙製造で発達した技法である。印刷用紙に対する膨大な需要から、塗工の高速化や塗工量は少ないが印刷適正の優れた微塗工紙をはじめ、塗工技術は抄紙技術と共に製紙業界が得意とする産業技術に発展した。近年、この塗工技術を用い、顔料でなく、例えば磁性粉末を厚く塗工して自動改札用の切符（図5参照）にするなど、印刷用でなく他の目的の機能塗工としても活用されている。この場合塗工層に機能を持たせ，剛性を有する紙はそれを支える基材の役目を果たす。当然バリアー性に優れたプラスチック塗工層を作るようにすれば、包装用の脱プラ材料になる。この際重要用なのは塗工剤と共に塗工法（機）の選択である。様々な形式の塗工機が開発されてきたが、代表的な塗工法とそれによる塗工層の断面を図6に示す[10]。まずエアーナイフ型は基材である紙の表層に沿って厚さが均一な塗工層を作るので、表面の凹凸はそのまま残る。ロール型は基本的に厚さが均一な塗工層を作るが、塗工液がロールから離れる時に作られるある種のパターンがその表面に残る。他方ブレード型は紙表面の谷部分を塗工液が埋め、平滑度の優れた紙表面になるので、印刷用紙の製造に多用されてきた。そのため塗工層の厚さは変動が大きい。既に述べたように、バリアー性は塗工層であるプラスチック層の厚さに依存するので、塗工紙全体のバリアー性は塗工層の薄い部分で規定される。それゆえ、バリアー性を重視する場合、これら3種の中

付録：紙の加工—プラスチックから紙へ—

ではエアーナイフ型の塗工が好ましい。

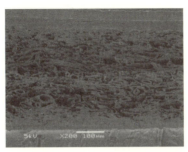

図7　ミルクカートン斜め断面SEM写真[5]

2.3.2　押し出し塗工：ポリエチレン（PE）のような熱溶融するプラスチックを、見かけ上厚手のフィルムになるように厚手の紙表面に厚く塗工する（図7参照）。得られた加工紙は二次加工として箱型容器に組み立てられ、ミルクカートンや酒類等の液体容器になる。

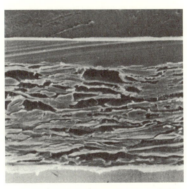

図8　ポリエチレンラミネート紙の断面とフィルム表面のSEM写真[11]

2.3.3　フィルム積層：加熱圧着あるいは、まず紙表面

に接着剤を塗布し、その後フィルムを圧着して紙層とフィルムの2層以上の層構成にする（図8参照）。紙層は剛度があるので、支持層になり、他方プラスチックフィルムは薄くても液体の浸入やガスの透過を防ぎ、紙の欠点であるバリアー性の欠如を補う。2軸延伸PPをはじめ、目的に応じて、いろんなプラスチックフィルムが使用されるが、金属箔を使用することもある。

2.3.4　サイジング：乾燥途中あるいは乾燥した紙の表面に連続的に薬液を塗布し、その表面層に浸み込ますことで表面を加工する方法。抄紙機の乾燥工程の間に設置できる（図9参照）。上述した塗工や積層法と異なり、紙の表裏両面に同時に加工できるので工程的には優れる。元来、情報・印刷用紙におけるインクのにじみ、すなわち、液体の紙中への浸透を抑制するサイズ剤を紙表面に塗布する工程にちなんでサイズ処理と呼ばれる。現在ではサイズ剤以外の薬剤、例えば紙力増強剤（ポリアクリルアミド系プラスチック等）を表面層に添加する時にも用いられ、今後は紙表面に極薄いプラスチック膜を簡便

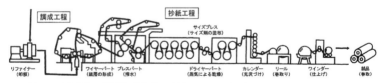

図9　抄紙全工程図（後半の乾燥工程の半ばでサイズプレスによるサイジングが行われる）[12]

付録：紙の加工—プラスチックから紙へ—

に作製するべく、各種プラスチック（溶液、懸濁液）の
サイズ加工も検討されると考えられる。

3. プラスチック加工紙のリサイクル性

　紙がリサイクルにおいて優れているのは回収した古紙
の構成物がほぼ全て木材繊維であり、かつそれが容易に
回収されて再び紙製品になるからである。他方多くのプ
ラスチック製品はその構成要素が多彩で（飲料容器の
PET製品を除けば、複数のプラスチック、例えばPEと
PPの混合物）であり、廃プラになれば多種多様なプラ
スチックに加えてそのものの重合開始剤や可塑剤も混
じっているのであり、構成プラスチックごとの分離・回
収、再生製品化、すなわちリサイクルは至難である。そ
のため、もちろん使い方によっては廃プラでも利用でき
るだろうが、多くは焼却されたり、捨てられて環境問題
を引き起こしているのである。

　プラスチック加工紙では、塗工や積層紙の場合、リサ
イクル工程において、それぞれの表面に偏在するプラス
チック部分である塗工層やフィルムを除去し、基材の紙
層部分から木材繊維だけを取り出すのはさほど困難では
ない。しかし含浸加工では、含浸剤プラスチックが木材
繊維の全てに接してかつ紙層全体に分布するので木材繊
維だけの分離回収は難しい。この場合結局RPF（塗工
紙等のリサイクルで分別されたプラスチックや廃プラス

145

チックと混合して、チョーク状のペレットにすることが多い）として、バイオ燃料になるのだが、プラスチック分だけCO_2の発生が生じることになる[4]。

4．プラスチックを使わない紙加工

4.1　バルカナイズ：層状に集積したパルプ繊維である、厚手の紙を濃厚な塩化亜鉛水溶液や他の液体で、その表面層からゲル状にした後、水で薬剤を除去、さらに乾燥することで、硬くて強い（厚）紙が出来る。その際様々に成型することも可能でプラスチック代替の紙製品になる[4,5]。

4.2　モールド：モールドとは型を意味する言葉で、元来パルプモールドとは古紙繊維を水に懸濁させ、金型に貼り付けた金網で抄き上げた後、乾燥してできる言わば三次元に抄紙▶成形されるパルプ繊維の成型物である。日本では古くから鶏卵のケースとして、近年は工業製品の輸送梱包における緩衝材の利用がある。射出成型やブロー成型のイメージに近く、近年いろんな形の紙製品が作れることからプラスチックと複合するなどの技法も開発されて、脱プラ時代の包装容器としてにわかに注目を浴びている[4,5]。

付録：紙の加工―プラスチックから紙へ―

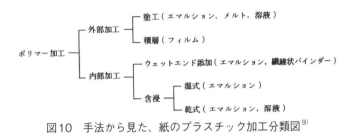

図10　手法から見た、紙のプラスチック加工分類図[9]

5．まとめ

　紙に欠ける性質、例えばバリアー性を紙に与えるにはそれに優れた性質を有する、具体的にはプラスチックを上手く複合加工することになる。脱プラに向けた紙の加工と言っても、その多くは紙を基材とし、一部にプラスチックを利用するある種の複合であり、100%脱プラスチックにはならない。用途にもよるが、紙加工で用いるプラスチックの種類・性質とその量も重要だが、加工法（図10参照、なおカッコ内は加工時におけるプラスチックの状態）が最終紙加工製品に与える影響が最も大きい。ここで外部加工とは紙の表面層での加工であり、内部加工とは紙層全体での加工である。また抄紙時に行う加工はウェットエンド添加（抄紙直前の紙料に添加する）だけで、他は出来上がつた紙に対して行う加工である。これらの中で、工業的に、とくに包装用途ではバリアー性の向上目的で積層（ラミネーション）ついで塗工（コーティング、押し出し塗工、サイジングを含む）がよく用

いられ、工業的なシステムとしてもよく検討されている。次いで、透明性や延伸性の向上目的としての内部加工である含浸が続く。

　プラスチック代替を考えた紙の加工は大別すると、ここで述べたようなバリアー性や延伸性さらに透明性を向上させる紙そのものの一次加工だけではなく、さらに用途に合わせた加工紙の二次加工、三次元形状の紙製品化に分けて考える必要がある。具体的には紙箱、紙器、液体用紙容器、紙袋、紙管などにすることで、プラスチック代替の紙系材料が発展しているが、この部分については別紙[4, 5]に委ねる。

6．おまけ

　プラスチック製品における紙化の流れは構造物にもみられる。段ボールやそれに類似するハニカム構造の紙製品として力学的にも強度があり、リサイクル可能な構造物が作れるのである[4, 5]。例えば、各種イベントにおけるブースの隔壁は従来プラスチック製であったが紙製も見られるようになった、脱プラ製品とは言い難いが紙製の家具類、身近では東京五輪の選手村でも使用された紙ベッド、また最近では能登半島地震の避難所内で見られた紙のテントや簡易ハウスなど、軽量でかつ遮音性や断熱性にも優れたプラスチックに代わる構造物として今後の発展が期待されている。

付録：紙の加工—プラスチックから紙へ—

文献

1）山内龍男：紙とパルプの科学（学術選書18）第3版　京大出版（2021）

2）山内龍男：紙の構造と物性　その基本〜Q＆A付〜R&Dサポートセンター（2018）

3）山内龍男：リサイクル紙研究—最新の成果—、日本包装学会誌28（5）275（2019）

4）山内龍男：第12章プラスチック代替材料としての紙材料、現状と展望"食品包装産業を取り巻くマイクロプラスチック問題"シーエムシー・リサーチ　p.201（2021）

5）山内龍男：紙系材料の加工とその開発動向、脱プラスチック材料としての展望"紙の加工技術と産業応用—持続可能な社会の構築を目指して—　シーエムシー出版（2022）

6）山内龍男：紙系多孔質体"多孔質体の性質とその応用技術"フジ・テクノシステム　p.223（1993）

7）T. Yamauchi, T. Uenaka: Transparentizing paper by latex impregnation, Appita J.58（6）455（2005）

8）特集"セロハンを見直す"、日本包装学会誌31(1)（2022）

9）山内龍男；紙の複合・加工に関する研究—ラテックス含浸（1）含浸紙の作製、紙パ技術タイムス 66（11）33（2023）

10）Garry A. Smook: Handbook for Pulp & Paper Technologists 2nd ed. Angus Wilde Pub.（1992）

11）繊維学会編：図説　繊維の形態、朝倉書店（1982）

12）日本製紙連合会、紙・パルプ産業の現状2012年版、p.5（2012）

著者プロフィール

山内 龍男 (やまうち たつお)

1947年生まれ。
1969年京都大学農学部林産工学科卒業。
1975年京都大学農学研究科林産工学専攻博士課程修了後同大学助手。
1980年1月農学博士（紙の空隙構造とラテックス含浸加工に関する研究）。
1984年～1986年ニュージーランド Forest Research Institute（現 SCION）で研究に従事。
1995年京都大学助教授。
2010年同大学を定年退職後、製紙関連企業で顧問を務める傍ら京都大学研究員。
2021年より(株)やまうち七兵衛商会代表。

主な著書
単著 『紙とパルプの科学』（学術選書18）京都大学学術出版会（2006）
『紙の構造と物性　その基本　〜Q&A付〜』R&D支援センター（2018）
共著　Handbook of Physical Testing of Paper, 2nd Ed. Revised and expanded Vol 1,2 MARCEL DEKKER（2001）
INFRARED THERMOGRAPHY, ed. R. V. Prakash INTECH（2012）
『多孔質体の性質とその応用技術（多孔質体実用辞典）』フジ・テクノシステム（1999）
『紙の加工技術と産業応用』シーエムシー出版（2022）
『食品包装産業を取り巻くマイクロプラスチック問題』シーエムシー・リサーチ（2021）など

プラスチックから紙へ　紙材料学入門

2025年3月15日　初版第1刷発行

著　者　山内　龍男
発行者　瓜谷　綱延
発行所　株式会社文芸社
　　　　〒160-0022　東京都新宿区新宿1−10−1
　　　　　　　　　電話 03-5369-3060（代表）
　　　　　　　　　　　03-5369-2299（販売）

印刷所　株式会社フクイン

©YAMAUCHI Tatsuo 2025 Printed in Japan
乱丁本・落丁本はお手数ですが小社販売部宛にお送りください。
送料小社負担にてお取り替えいたします。
本書の一部、あるいは全部を無断で複写・複製・転載・放映、データ配信する
ことは、法律で認められた場合を除き、著作権の侵害となります。
ISBN978-4-286-25804-1